U0381222

洪泽湖退圩还湖区湖滨带
空间重构和生境优化技术研究

张　鹏　毛媛媛　蔡永久　黄　蔚◎著

河海大學出版社
HOHAI UNIVERSITY PRESS
·南京·

图书在版编目(CIP)数据

洪泽湖退圩还湖区湖滨带空间重构和生境优化技术研
究 / 张鹏等著. -- 南京：河海大学出版社，2022.12
  ISBN 978-7-5630-7858-5

  Ⅰ . ①洪… Ⅱ . ①张… Ⅲ . ①洪泽湖－湖区－生态恢
复－研究 Ⅳ . ①X321.253.013

中国版本图书馆 CIP 数据核字(2022)第 244760 号

书　　名	洪泽湖退圩还湖区湖滨带空间重构和生境优化技术研究
书　　号	ISBN 978-7-5630-7858-5
责任编辑	章玉霞
特约校对	袁　蓉
装帧设计	徐娟娟
出版发行	河海大学出版社
地　　址	南京市西康路 1 号(邮编:210098)
电　　话	(025)83737852(总编室)
	(025)83722833(营销部)
	(025)83787107(编辑室)
经　　销	江苏省新华发行集团有限公司
排　　版	南京布克文化发展有限公司
印　　刷	广东虎彩云印刷有限公司
开　　本	710 毫米×1000 毫米　1/16
印　　张	13
字　　数	240 千字
版　　次	2022 年 12 月第 1 版
印　　次	2022 年 12 月第 1 次印刷
定　　价	118.00 元

前言 PREFACE

洪泽湖是我国第四大淡水湖,是淮河中下游洪水蓄泄枢纽,南水北调东线工程重要调蓄湖泊、苏北地区主要供水水源和"生态绿心",承担着防洪调蓄、城乡供水、农业灌溉、生态保护、航运、渔业养殖和旅游等多种功能,是维护地区经济社会高质量发展的重要保障。历史上由于过度开发,圈圩和围网养殖侵占湖泊水面,造成湖泊面积萎缩、调蓄能力衰减、生态环境退化等问题。近年来,按照生态文明建设要求和洪泽湖保护需求,水利部门持续加强对洪泽湖的保护和治理,起草《江苏省洪泽湖保护条例》,由江苏省十三届人大常委会第二十九次会议审议通过并实施;编制《洪泽湖保护规划》《江苏省洪泽湖退圩还湖规划》等,获省政府批复;推进实施退圩还湖和生态修复,逐步恢复湖泊自由水面,使洪泽湖生态环境得到显著改善、生态功能明显提升。湖滨带的水生态保护与修复对提高湖泊水体自我修复能力、改善湖泊生态环境具有重要作用。在退圩还湖实施过程中,如何结合地形、水文、水质与生态条件在现状湖盆地形基础上重塑湖滨带形态,恢复湖滨带生境系统和功能,需要开展相关研究,为湖滨带生态修复提供相应的理论和技术支撑。

本书从洪泽湖基本情况、洪泽湖湖滨带生态环境、典型退圩还湖区湖滨带空间重构与生境优化技术、典型工程设计方案、湖滨带修复的生态环境效益评估等方面进行编写。全书共分9章,各章主要编写人员如下:第1章由张鹏、蔡永久、龚志军等执笔,第2章由毛媛媛、万骏、彭凯等执笔,第3章由蔡永久、张颖、陆楠等执笔,第4章由龚志军、兰林、黄蔚、彭凯、张又等执笔,第5章由张鹏、毛媛媛、黄蔚等执笔,第6章由黄蔚、张颖、陆楠等执笔,第7章由兰林、朱大伟、黄蔚等执笔,第8章由魏佳豪、张明、王晓龙等执笔,第9章由毛媛媛、蔡永久等执笔。

　　湖泊退圩还湖过程中湖滨带的生态修复对保护湖泊生态环境、维护其生态功能具有重要作用。湖泊湖滨带的生态修复包括空间重构、生境优化、生态功能提升等,涉及水安全、水生态、水环境、水景观等多个方面,需要结合退圩还湖工程实施,跟踪湖滨带生态修复效果,持续开展研究,书中存在的欠妥和不足之处敬请读者批评指正。

　　需要特别说明的是,本书涉及研究成果是在江苏省水利工程规划办公室、中国科学院南京地理与湖泊研究所、江苏省水利勘测设计研究院有限公司、江苏省洪泽湖管委会办公室等多家单位的共同努力下完成的,本书的出版得到了江苏水利科技项目(2019005)、中国科学院青年创新促进会项目(2020316)、中国科学院南京地理与湖泊研究所自主部署科研项目(NIGLAS2022GS02)的资助,谨此表示感谢。

目录 CONTENTS

1 绪 论

　　洪泽湖是我国第四大淡水湖,湖泊面积 1 775 km²,地处江苏省中部偏西,淮河中下游接合部,西纳淮河,南注长江,东通黄海,北连沂沭,行政区划涉及淮安市的淮阴区、洪泽区、盱眙县和宿迁市的宿城区、泗阳县、泗洪县共 2 个设区市及其所辖的 6 个县(区)。

　　洪泽湖是淮河中下游洪水蓄泄枢纽,南水北调东线工程重要调蓄湖泊、苏北地区主要供水水源和"生态绿心",承担着防洪调蓄、城乡供水、农业灌溉、生态保护、航运、渔业养殖和旅游等多种功能,是维护地区经济社会高质量发展的重要保障。历史上由于过度开发,圈圩和围网养殖侵占湖泊水面,造成湖泊面积萎缩、调蓄能力衰减、生态环境退化等问题。

　　洪泽湖地处"一带一路"建设、淮河生态经济带、大运河文化带及江淮生态经济区发展等国家战略交汇区,生态地位突出。进入新发展阶段、构建新发展格局、落实高质量发展,贯彻生态文明理念,推动幸福河湖建设,要求加强洪泽湖生态环境保护修复,提高生态系统稳定性,筑牢生态安全屏障,全面建设美丽洪泽湖,支撑和推动区域社会经济高质量发展,助推美丽江苏建设。

　　近年来,按照生态文明建设要求和洪泽湖保护需求,水利部门持续加强对洪泽湖的生态保护和治理,起草《江苏省洪泽湖保护条例》,由江苏省十三届人大常委会第二十九次会议审议通过并实施,编制了《洪泽湖保护规划》《江苏省洪泽湖退圩还湖规划》等,获省政府批复。持续推进实施退圩还湖和生态修复,逐步恢复湖泊自由水面,使洪泽湖生态环境得到显著改善、生态功能明显提升。依据相关法律法规规定和规划安排,洪泽湖退圩还湖仍是今后一段时期洪泽湖治理的重要内容。湖滨带是湖泊水陆生态交错带,是湖泊生态系统不可缺少的

　　注:本书计算数据或用四舍五入原则,存在微小数值偏差。

有机组成部分,其生态保护与修复对提高湖泊水体自我修复能力,改善湖泊生态环境具有重要作用。在退圩还湖实施过程中,结合湖滨带地形、水文、水质与生态条件重塑湖滨带形态,恢复湖滨带生境系统和功能,改善湖泊生态环境,开展相关技术研究,为湖滨带生态修复提供相应的理论和技术支撑,显得十分迫切和必要。

1.1　概述

洪泽湖承泄淮河上中游 15.8 万 km² 的来水,一直是历代治水的重点。新中国成立后,根据"蓄泄兼筹、以泄为主"的治淮方略,加固洪泽湖大堤,不断扩大和巩固下游排洪出路,形成了洪泽湖大堤防洪屏障,淮河洪水以入江为主、入海为辅,江海分流的泄洪布局。现状洪泽湖防洪标准为 100 年一遇,远期将达到 300 年一遇。洪泽湖同时也是国家"南水北调"和江苏"江水北调"的重要调蓄湖泊和输水通道,是苏北地区重要的供水水源和"生态绿心"。随着生态文明进程推进,洪泽湖生态保护力度不断加强。2006 年,省水利厅组织编制《洪泽湖保护规划》,获省政府批复,将生态保护作为洪泽湖保护的重要内容,并推进实施生态保护与治理。2022 年,修编了《洪泽湖保护规划》,对洪泽湖生态保护与修复提出了更高目标与要求。2022 年,《江苏省洪泽湖保护条例》由江苏省十三届人大常委会第二十九次会议审议通过并实施,作为江苏省首个针对单个湖泊制定的省级地方综合性法规,明确了退圩还湖、生态修复的具体要求。

本书围绕洪泽湖退圩还湖区湖滨带生态修复开展相关技术研究。在调查洪泽湖湖滨带生态环境现状、划分洪泽湖湖滨带生境类型的基础上,对洪泽湖湖滨带进行生境质量评价,识别敏感生态因子,开展面向退圩还湖区湖滨带的地貌-水文-生态多要素空间重构与生态优化技术、反映湖滨带特征的生态修复与功能优化提升技术、典型退圩还湖区湖滨带生态修复工程案例、湖滨带修复的生态环境效益评估等研究。

洪泽湖湖滨带现状调查与生境功能类型分类以实地调查为基础,综合利用卫星遥感、无人机以及文献资料等多源信息数据,精准获取洪泽湖湖滨带的形态特征、水质现状与生物分布等情况;根据现状调查和历史数据对湖滨带形态、水质状况、植被分布类型、开发利用现状等因素进行分析,确定湖滨带生境分类依据与指标体系,划分洪泽湖湖滨带生境类型,探明不同功能类型生境的数量、面积和空间分布。

洪泽湖湖滨带生境质量评价与敏感生态因子识别。主要包括对洪泽湖湖滨带水文、水环境与水生态多要素同步进行调查,分析湖滨带水环境水生态的季节变化与空间分异特征;结合湖盆岸线形态构造与地貌现状特征,构建湖滨带生境评估模型与方法,开展生境质量与生态敏感性评价,诊断湖滨带存在的主要问题,识别湖滨带敏感生态因子与控制性要素,为空间重构与生态修复提供依据。

洪泽湖典型退圩还湖区湖滨带空间重构与生境优化技术研究,选择洪泽湖典型退圩还湖区湖滨带,结合水文流场、湖盆形态特征以及生境类型分布格局,集成生态河口、生态岸坡、生态浅埠等技术形成湖滨带空间重构技术方案;在系统分析水文、水质、生境基质以及水生生物等要素现状与耦合关系基础上,研究提出基底改造、底质改良、透明度提升以及生物调控等湖滨带生境优化技术方案。

洪泽湖典型退圩还湖区湖滨带生态修复与功能优化提升技术研究,基于湖滨带生态系统结构现状与生境调查,分析洪泽湖典型生物物种对水位波动、水质条件、基底性状以及水下地形等环境特征的适应性,明确不同物种适宜的生境条件,研究退圩还湖区湖滨带沉积物性状变化与生境适宜性,依据本土物种优先、物候互补、高低搭配以及景观多样化等原则,研究退圩还湖区湖滨带植物物种空间配置与景观模式,提出生态修复与生态系统结构优化方案。

洪泽湖湖滨带修复的生态环境效益评估研究,从湖滨带生态系统调节、供给、支撑、文化服务等生态服务功能提升出发,根据生态环境效益评价指标体系与方法,基于典型湖滨带生态修复方案与情景,综合评估洪泽湖湖滨带空间重构与生境优化的生态环境效益。

1.2　我国湖泊围垦与治理历程

我国历史时期湖泊围垦的地区主要是华北平原、长江中下游平原、宁绍平原等地区。由于许多湖泊水浅、泥质肥沃,因此,人类在生产活动中常力图对其进行围垦、改造。我国历史上曾有过三次大规模的围湖造田时期,即魏晋南北朝、宋代以及明末清初以来的时期。宋代是历史上湖泊围垦最甚的时期,当时我国东部地区几乎百分之九十的湖泊都遭到了不同程度的围垦。与这三个时期相反,汉代、唐代、元代至明代前期是我国历史上较大规模的退田还湖、大兴水利的三个时期。汉、唐的农业经济十分繁盛,这也和退田还湖大兴水利有关。在经历了汉末到唐初的湖泊围垦后,在唐代,居民自愿献田造湖,修筑了许多人工湖,太湖地区也广泛开展了开浚塘浦沟洫的水利建设。除此以外,在全国其他一些地区,也不同程度地开展了退田还湖、兴修水利的工程。元代至明代前期的湖泊扩展,主要是洪水的溃田还湖,而不是人为的退田还湖。在宋代的围垦作用下几乎完全消亡的梁山泊,由于黄河水再度侵入成为巨浸,早期围垦的农田又沦为泽国。太湖的扩展和频繁的水灾则迫使地方政府正式颁布了禁止围湖的命令,并广泛开展了退田还湖的工程(方金琪,1989)。

新中国成立以后,随着社会的迅速进步,为了满足农业与城市的发展需求,全国各地掀起了围湖造田、围垦湖泊的高潮,对湖泊生态系统的平衡稳定产生了巨大的影响。从 1973 年到 2018 年,长江中下游区域湖泊都经历了不同程度的围垦。2018 年长江中下游平原围垦面积为 6 056.9 km^2,占 1973 年湖泊总面积的 41.6%(Hou 等,2020)。20 世纪 70 年代,我国湖泊的水产养殖面积占整个湖泊面积的比例小于 20%。20 世纪 80 年代中期以来,水产养殖面积显著扩大,水产养殖区总面积从 1973 年的 1 101.9 km^2 增加到 2018 年的 3 429.2 km^2。在 20 世纪 70 年代至 90 年代水产养殖面积显著扩大,此后变化不大。而农业/建设用地的变化与水产养殖区不同,开垦面积不是稳步增加,而是在一定时期内减少。从 20 世纪 70 年代到 80 年代,开垦的农业/建设用地面积增加,但在 1990 年至 2000 年略有减少,在过去的二十年里,农业/建设用地显著增加,甚至在 2010 年达到了原始湖泊面积的 57.1%(Hou 等,2020)。

总体上看,在过去的半个世纪里,以长江中下游湖泊为例,41.6%的湖泊面积被围垦,这些湖泊遭受了非常严重的人为改造。围垦过程大致可分为三个阶段:第一阶段为 1973 年至 1985 年,主要的围垦方式是将湖泊水域改造为农业、建设用地,辅以部分水产养殖区的改造;第二阶段为 1985 年至 2000 年,水产养殖面积迅速扩张,其面积来源主要为自然水域和农业/建设用地,两者的占比均在 50%左右;第三阶段为 2000 年至 2020 年,通过退圩还湖、退田还湖工程的实施,大面积的自然水域得以恢复,此外还有许多农业/建设用地转变为渔业养殖区域(Hou 等,2020)。

湖泊的围垦使得区域粮食产量、渔业产量增长明显,对区域的粮食安全有着重要意义。尽管社会经济效益显著,但围垦同时对湖泊生态系统产生巨大影响,湖泊的蓄水量大幅减少,洪水风险明显增加,围垦导致的城市内涝问题频发。此外,围垦活动进一步加剧了湖泊水质问题,农业、渔业发展导致湖泊营养负荷加剧,湖泊富营养化程度加深(Guan 等,2020)。部分研究同样指出,大面积的湖泊围垦还可能是湖泊湿地生物多样性严重损失的原因之一(江红星等,2007)。

自 20 世纪 90 年代以来,随着研究深入,湖泊围垦的生态危害问题愈发清晰,进而针对湖泊围垦生态负面效应的清除工作不断发展。针对圈圩养殖、围垦种植面积不断扩张的现象,多地展开退圩还湖、退田还湖的工作,其中 1998 年鄱阳湖便开始开展单退圩、双退圩的工程,江苏省内的白马湖、高邮湖、固城湖、蜈蚣湖、洪泽湖等众多湖泊都已逐步开展退圩还湖工作并收获巨大成效,工程实施后,湖泊防洪排涝能力显著提升,大大减小区域排洪压力,湖泊水质得到有效改善,显著提升水体洁净程度,湖泊自净能力得以恢复,湖泊承载力提高,湖泊景观提升,生物资源丰富,生物多样性提高,对恢复生态健康、功能齐全的湖泊生态系统意义重大(王俊等,2020)。

1.3 国内外研究进展

1.3.1 湖滨带概念

湖滨带是湖泊生态系统与陆地生态系统之间的过渡带,又称为水陆生态交错带(图 1-1)。对于湖滨带的认识要追溯到 1905 年生态交错带这一概念的提出。研究认为在不同生态系统的连接区域,往往会表现出强烈的物质交换与能量流动,从而使生态交错带这一全新的概念进入了研究者的视野(Macmillan,1905)。1931 年首次有学者提出湖滨带的概念,开始关注湖泊与陆地生态系统的交界区域,但主要的关注重点局限于湖滨带的大型植物而非整个生态系统(Eggleton,1931)。之后尽管研究力度有所增加,但是对于生态交错带的权威定义直至 1988 年才由联合国教科文组织提出。联合国教科文组织将生态交错带定义为相邻生态系统间的过渡地带,其特征由相邻生态系统之间相互作用的空间、时间及强度所决定,并且认为它把生态系统界面理论以及非稳定的脆弱特征结合起来,可以作为辨识全球变化的基本指标,进而能够推出湖滨带的定义:湖泊生态系统与陆地生态系统之间的生态过渡带,在湖泊水动力、水位变化等环境因素的作用下,形成的水陆生态交错带(Holland,1988)。

对于湖滨带的确切范围,已有许多研究给出了界定方式,但确定的范围大同小异。结合国内外学者的研究与总结,湖滨带范围大致可分为水向湖滨带、消落带(岸线带)和陆向湖滨带(王洪铸,2012)。其中陆向湖滨带上界线为自然状态下一定周期内达到的最高水位时湖泊生态系统对地形、水文、基质和生物造成影响的上限;水向下界线在浅水湖泊,通常定为湖底坡度突增处,又或是大

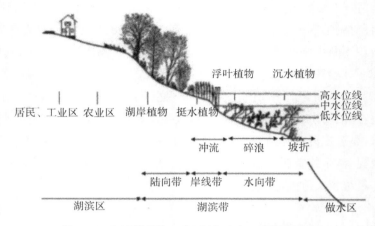

图 1-1　湖滨带结构示意图(修改自王洪铸,2012)

型水生植物能够生存的下限。陆向界线至水向界线之间的区域即为湖滨带,而湖滨带中心区域的消落带即为湖泊多年最低水位与最高水位之间的区域。由陆向上界向陆地延伸的环湖区域即为滨湖区,通常该区域内人类活动程度较高,城镇化、居民生活、工农业生产等行为容易对湖滨带直接产生强烈干扰(郑培儒等,2021)。

　　根据湖滨带定义可知,湖滨带范围是一个环状区域,其环境因子往往展现出显著的梯度性差异,并会作为因变量导致生物结构展现出相同的结构差异(Gido 等,2002)。湖泊陆地生态系统之间由于关键因素——水这一环境因子的梯度变化,导致环状区域内的生物群落结构受到影响,尤其是水生植物也表现出强烈的结构特征,层次性、圈层性结构显著(Gelwick 等,1990)。由陆向辐射带至水向辐射带梯度分布湖岸植物、挺水植物、浮叶植物以及沉水植物,其主导因素即为干湿环境的逐渐变化。对比强烈的生物群落和环境条件构成了湖滨带具有强烈的空间异质这一特性,并赋予了湖滨带丰富的生物多样性和较高的生产力(Nilsson 等,2002;Wetzel,1990)。

　　湖滨带生态系统中的主要生物群落包括了大型水生植物、浮游植物、浮游动物、底栖动物、鱼类等,其中大型水生植物是生态系统中最关键的生产者,决定了附着生物的结构与生物量,是湖滨带乃至全湖生态系统自我调节的重要调控成分,良好的水生植物群落可以说是生态系统健康的标志(胡小贞等,2011)。在湖滨带区域中,不同类型的水生植被受到水环境因子的影响,按照湖岸植物、挺水植物、浮叶植物、沉水植物的顺序由陆地向湖心梯度分布,层次明显;湖泊富营养化的背景下,受到多种物理、化学、生物因素作用,浮游植物的结构变化、爆发性增殖都有可能间接或直接造成有害水华的产生,而这一作用往往具有时间滞后性,因此对浮游植物生物量以及群落结构的关注对湖泊生态风险评估具有一定参考价值;浮游动物群落则相对复杂,对于维持湖泊生态系统结构完整与功能服务有重要意义,同时其结构分布也受到更多相关因素的影响,能够对环境变化做出快速响应,常被作为水体环境监测的重要指示类群;底栖动物指生活史全部或大部分位于水体底部的无脊椎动物,对生态系统的能量流动及物质循环起到了重要作用,目前在环境生物监测中应用广泛。

　　湖滨带的独特环境使其拥有了完备的动植物生态群落,能够提供丰富的生态服务功能,对人类的社会发展意义重大,如①污染物的截留与净化:湖滨带的水体、土壤(沉积物)、植物、微生物等部分能够通过吸收、渗透、过滤、沉积、富集、分解等方式削减试图通过湖滨带的污染物,国内外对湖滨带与污染物浓度的调查研究均表明湖滨带有效降低了湖泊生态系统的污染负荷,能缓解人类活动对水体造成的不利影响;②抑制藻类繁殖,降低水华风险:藻类受水文气候影响通常会首先在湖滨带聚集,而湖滨带的大型水生植物能够通过营养竞争、化感作用、附着生物捕食等途径抑制水华的暴发;③支撑生物多样性:湖滨带内的高度环境异质性创造了众多小生境,为不同生物的存在提供了环境支持,较高的生产力为丰富的生物群落提供了能量基础,为生物多样性的保持贡献良多;④稳固堤岸:湖滨带的水生植物通过根系降低水流、风浪对堤岸的冲刷侵蚀,起到保持水土涵养水源的功效;⑤提供生物资源:湖滨带拥有丰富的初级生产力以及多样的物种,为人类活动提供动植物产品支持;⑥娱乐、交通功能:湖滨区域亲水,往往具有优美的自然风光,为水上运动、垂钓等娱乐活动提供了环境场。

　　开展洪泽湖湖滨带现状调查、生境功能类型分类及生境质量评价时,主要以洪泽湖蓄水保护范围作为划定研究范围的基准。根据 2022 年江苏省政府批复的《洪泽湖保护规划》,洪泽湖蓄水保护范围依据蓄水位 13.50 m(废黄河基面,下同)与迎湖挡洪堤共同确定,范围包括湖区(钱码岛、大墩岛、穆墩岛、报墩岛、鹭居岛、鹭飞岛除外)、洪山头以下淮河干流(腰滩、蛤滩、城根滩除外)以及沿淮陡湖、四山湖、圣山湖和溧河洼七里沟以下水域,蓄水保护范围面积为 1 775 km²,蓄水保护范围线总长 685.5 km。以洪泽湖蓄水保护范围为外边界,保护范围内的湖滨带作为研究范围。基于圈圩围网分布区域及退圩还湖规划等综合考虑,研究范围不包括淮河大桥以上的区域。

1.3.2　湖滨带类型划分

自 20 世纪 70 年代以来,由于围湖造田、兴修水利工程、工业污染、渔业发展、旅游开发等人类活动干扰,我国各地湖泊的湖滨带生态系统遭到严重破坏,面临着湖滨湿地面积缩小、生物多样性降低、水资源减少、美学价值丧失以及危害人类身体健康等一系列的威胁。近年来,有关湖滨带生态修复的研究不断涌现,许多学者在我国滇池、洱海、太湖等重要湖泊开展实验研究,研究内容包括湖滨带陆生植物群落的构建机制、湖滨带沉积物氮分布及转化、水向辐射带水生植物多样性及生境因子分析、湖滨带湿地土壤理化因子、湖滨带湿地生态系统多功能性、湖滨带生态现状与修复。这些相关研究为湖滨带生态系统的恢复、重建与维持提供了重要的理论支撑,为湖泊生态治理工作提供了科学依据。

目前关于湖滨带划定的研究已有一定的进展,李英杰等对太湖进行实地调查,以气候、地形地貌、生物群落组成及人类的开发利用方式为重要影响因素,建立湖滨带四级分类体系,将湖滨带划分为山地型、平原型、河口型和专有型 4 大类型并细化为 14 种亚类型;谢自建等以山地型湖泊——镜泊湖为研究对象,确定湖滨带陆向辐射带宽度划定,并根据对地形地貌特征及水文情况的考察,将镜泊湖湖滨带划分为山体型、大堤型、道路型、河口型、村落型、农田型 6 种类型;孙淑霞以南四湖湖滨带的地形地貌和土地利用方式的差异为分类依据,并结合 GIS 技术,构建了适合南四湖湖滨带的二级分类体系,划分了高、中、低敏感性区域三大功能区。为更好地指导湖滨带生态修复、生态环境保护,响应国家“生态文明建设”战略部署,2014 年中国环境科学研究院和中交上海航道勘察设计研究院编制了《湖滨带生态修复工程技术指南》,其中将湖滨带划分为两级,一级分类根据湖滨带地貌将湖滨带划分为缓坡型湖滨带与陡坡型湖滨带,二级分类根据湖滨带的生境及土地利用类型将湖滨带划分为滩地型、房基型、鱼塘型、自然山地型、路基型和堤防型湖滨带等。

可以看出,各项研究中湖滨带划分类型具有相似之处,在实地考察的基础上,结合划分原则和湖滨带的重要影响因素对湖滨带进行划分。湖滨带具有空间异质性,分区规划治理是湖滨带生态恢复的重要举措,而湖滨带类型划分是分区规划治理的重要依据(李英杰等,2008),因此关于湖滨带划分的问题值得深入研究和探讨。

1.3.3　湖滨带空间重构与生态修复技术

湖滨区是湖泊水域与陆域的交汇地带,包括湖滨带和缓冲带,既有水位变幅带,也有滨水陆向辐射带。湖滨区的空间重构与生态修复是湖泊水环境保护与生态修复的主要措施之一,从洪泽湖全湖出发,遵循"绿色流域建设"的指导思想,对洪泽湖湖滨区的湖滨带与缓冲带生态进行综合修复,构建具有丰富生物多样性、生态结构稳定的湖滨区生态系统,以更好地为当地居民服务,坚持人与环境的和谐发展,实现可持续发展,建设生态文明。

（1）湖滨带生境条件修复原则

湖滨带生境修复主要包括消浪和基底修复。消浪是基于对湖滨带风浪波高进行推算,根据不同分区波高条件,结合消浪区水深条件,采取不同的消浪工程布局设置,有效降低湖滨带生态恢复区风浪波高,减少风浪对湖滨带水生植物产生影响。基底是生态系统发育与存在的载体,湖滨带基底修复主要包括:控制沉积和侵蚀,保持湖滨带基底的相对稳定;缓解风浪、水流等不利水文条件对湖滨带生态修复的影响;对由于人类活动改变的地形地貌（如堤防）进行修复与改造。基底修复设计主要包括基底稳定性设计和基底地形、地貌的改造。具体生境条件修复原则包括如下几点。

维持基底的多样性:基底的多样性造就了湖滨带生态结构和景观多样性;根据生境受自然条件、人为破坏干扰的形式和严重程度进行分区;分区时综合考虑生态修复设计、生态配置、景观布置等。

可操作性强,便于管理:基底修复要符合公众意向,工艺简洁、实施方便,同时要求系统运行简单,维护需求少,便于管理。

（2）湖滨带基底修复工艺

湖滨带基底条件是生态系统发育和存在的载体。基底保育型、基底修复型与基底重建型湖滨带因功能分区及现状的不同,有不同修复要求,具体如下。

基底保育型是指湖滨带生境状况良好,生态系统保存较完整,对其修复主要是采取适当而少量的工程措施,来调节控制沉积和侵蚀,减少沉积和侵蚀对湖滨带的影响,保持湖滨带物理基底的相对稳定,为湖滨带的生态恢复和生态交错带的持续演替与发展创造条件。主要适用湖滨带类型:无滩地-山坡型湖滨带、有滩地-山坡型湖滨带、长期露滩-大堤型湖滨带。

基底修复型是指湖滨带生态系统已经受到一定程度的破坏,基底状况较差,并受风浪影响,破坏较大,对其修复主要包括基底修复、基底地形改造、生态防波消浪等,通过一定的工程措施,修复原有的湖滨带生境条件。主要适用湖滨带类型:间歇露滩-大堤型湖滨带、河口型湖滨带。

基底重建型是指湖滨带生态系统由于人为或自然影响,已经完全破坏,该区域受波浪、水流影响较大,基底侵蚀很严重,生态系统恢复较难,对其修复主要是采用工程措施重建基底,营造适应植物生长所需的水深环境,配合消浪、基底保护等措施,缓解风浪、水流等不利水文条件对湖滨带生态恢复的影响,共同创造生态系统赖以生存的载体及环境。主要适用湖滨带类型:无滩地-大堤型湖滨带。

湖滨带基底重建主要包括物理基底地形、地貌的改造以及基底稳定性设计等工作内容。物理基底改造即在需要进行湖泊生态修复的湖滨沿岸水域范围内,采用环保绞吸式挖泥船等设备将疏浚底泥按设计高程要求吹填至基底修复工程区内,形成自然缓坡浅滩,改善湖泊沿岸带自然条件,为湖泊沿岸带生态修复创造良好的生境条件。物理基底改造技术工艺步骤主要包括基底重建工程区域及底泥吹填工程量的确定、浅埂建设、底泥疏浚及吹填等过程。

基底重建工程区域主要指项目工程设计中确定需要进行湖泊生态修复的湖滨沿岸水域范围。底泥吹填工程量是依照满足挺水植物生长的水深条件对应的基底需抬升的高度和基底重建工程区域面积来确定。

物理基底改造技术是生态浅埂技术和底泥疏浚技术的组合应用,其关键技术之一是排泥管口泥水定排成坡技术。通过排泥管口的改造、多管口定排和促沉技术,物理基底改造实现基底生态修复区形成由岸向湖心的多自然坡地,便于湖滨带的生态修复。

物理基底改造的另一关键技术是生态浅埂护滩促淤技术。根据地形、地貌、地质、水流等条件,优选生态浅埂的材料和结构,保障重建区水下基底的稳定。基底的稳定性拟采用土工管袋结构来保障。使用土工管袋充填筑堤前,应该对基层进行处理。本工程中的土工管袋属于直接铺放,在铺放前,应将基层中可能有损管袋的凸出物、杂物清除;高程差别较大区域应进行整平。为保证管袋充土后不产生大幅度位移,在管袋充土前先打定位桩进行定位。根据湖滨带消浪工程总平面布置确定定位桩两端控制点的坐标,在现场施工时,通过GPS定位两端的控制点后,用打桩机按顺序进行打桩。定位桩的间距为 1 m。定位桩打入完成后,进行管袋的铺设。将管袋放入预先打好定位桩的范围内,使管袋尽量保持平直后,将预先制作在袋体上的加筋带系紧在两侧的定位桩上。袋体铺放完成后,用钢丝绳将两排定位桩进行对拉固定。钢丝绳的数量按每隔一根桩设置确定,即每 2 m 设置一根钢丝绳。袋体铺设前确定施工时天气情况,选择天气晴朗及风浪较小的工况进行施工。袋体铺放完成后需立即进行填土施工,防止时间过长,风浪对管袋平直造成影响。由于采用充填工艺,管袋难以一次成型,因此考虑采用间歇式多次吹填工艺。

湖滨带基底修复主要包括改善现有湖滨带物理基底的状况,保护岸堤的稳定,使生态系统向良性方向发展,这些是本区修复的主要方向。根据现场自然条件及湖滨带的功能要求,一方面为保护现有沉水和挺水植物生长,需要采取一定的消浪措施;另一方面,受波浪水流的水动力作用,其滩地受水流波浪影响较大,必须加以必要的人工保护措施,控制侵蚀。

基于修复区破坏程度轻,可采用土工管袋技术进行修复。首先沿滩地前沿开挖基槽,然后将管袋放入槽中进行充填,充填结束后,吹填并铺设三维土工植物网。最后在其外侧抛填块石保护,底部铺设软体排护底。对于局部低洼的滩地,可根据实际情况采取吹填方案,使得吹填面与原滩面齐平,使滩面高程达到设计要求。

湖滨带基底保育区段,一般湖滨带生态系统较完整,基底稳定,但波浪水流等对植物生长有一定影响,对湖滨带外缘有一定的侵蚀、冲刷作用。结合现场调查踏勘及湖滨带功能要求,在保护区段外围,可做一定的消浪结构,对水生植物进行保护。消浪结构的形式与景观生态相结合,采用透空式或浮式消浪结构。对于基底稳定性的保护,可在湖滨带外侧采用充填土工管袋,防止波浪水流的侵蚀,或者在适当高程分散布置块石,消减水流的作用,保护基底稳定,对水生植物也能起到一定的保护作用,利于区域湖滨带生态系统的良性发展。

（3）湖滨带生物恢复的目标与原则

局部改造大堤,有效缓解大堤对湖滨带的不利影响;因地制宜地恢复湖滨湿地,禁止围网养殖,恢复水生植被,实现在湖滨带区域范围内挺水植被覆盖率不低于 30%,有效控制藻类堆积,维护水生态系统良性循环。湖滨带生物恢复以挺水植物恢复为主,兼顾考虑大堤以内湿生、浮叶、沉水植物恢复,引进底栖动物等。

湖滨带生物恢复是指通过生物学特性、耐污能力、除氮(N)和磷(P)能力及光补偿点的研究,结合目标水域的生境条件和功能要求,筛选出生态耐受性强、能适应目标水域水质现状的物种。在湖滨带生物恢复过程中应遵循以下原则:

本地种优先原则。本地种经过长期的自然选择,能较好地适应本地的环境条件,因此应优先选用本地种,切勿为了片面追求物种的多样化和景观的美化而轻易引进外来物种。引进物种,如果没有进行相关的可行性分析,可能会引起生态入侵,或者引进物种不适应当地的气候环境。

适应性原则。物种能适应当地环境,成功定居,顺利繁衍,形成群落,是生态系统恢复的关键。对于已经引进的外来物种,一定要经过多方的论证,确保其没有带来新的生态灾难。

满足功能需求原则。如恢复区污染非常严重,且需具有一定的景观功能时,应优先考虑具有较强净化能力的物种。

最小风险和最大效益原则。根据地区所选物种应满足使用容易,管理、收获方便,成本投入及维护费用低等条件。

(4) 湖滨带生物恢复技术

湖滨带生物恢复就是在湖滨带调查、类型划分和湖滨带退化因子识别的基础上,按照生态学规律,利用种群置换手段,用人工选择的组分逐步取代现有的退化系统组分,人工合理调控湖滨带结构,压缩去除人为压力后,在自然条件下需要几十年乃至数百年的演替过程,使受害或退化生态系统重新获得健康并有益于人类生存与生活的生态系统重构或再生过程。湖滨带空间岸段结构既有相同之处,也存在不同之处,难以做到将每一段湖滨带的生物恢复设计都单列出来,因此,湖滨带生物恢复设计是根据湖滨带划分类型,结合湖滨带生境条件修复状况、具体气候、水文改善条件以及植被分布现状等因素,运用生物群落结构设计的基本原理即生物的互利共生原理、生态位原理、生物群落的环境功能原理等,进行各种群组成的比例和数量、种群的平面布局、生物群落的垂直结构设计等,分别对不同类型湖滨带进行生物恢复模式设计。

另外,生物恢复设计还应考虑景观设计。景观是由相互作用的景观元素(斑块、廊道和模地)组成的,是具有高度空间异质性的区域,并以相似的形式重复出现。斑块、廊道、模地在景观中的分布是非随机的,具有多种景观构型。景观结构设计就是通过对原有景观要素的优化组合或引入新的成分,调整或构造新的景观格局,从而创造出优于原有景观生态系统的生态环境效益和社会经济效益,形成新的高效、和谐的人工-自然景观。

(5) 湖滨带生物种群选择及群落结构设计

生物种群是构成生态系统的重要组分之一,选择适宜的生物种群是建立高效、和谐的生态系统的关键。生物种群的选择必须满足两个条件:第一,必须满足湖滨水陆生态交错带的自然环境特征。自然环境是生物生长发育的最基本条件,如果不考虑这个最基本的条件,就不可能建立起一个稳定的生物群落。

选择生物种群必须因地制宜地选择适生种群。一般来讲,当地的适当种群和自然环境具有较深的适应性,应为首选种群。很多人工栽培和养殖的生物种群,由于研究比较深入,我们基本上掌握了它们对自然环境的要求,也可以选择。对于外地新引进的种群必须慎重选择,要经过较长时间的适应性实验研究,否则可能导致难以预料的生态后果。第二,在满足湖滨带生态修复的主要功能的前提下,生物种群选择必须尽可能满足湖滨带的其他功能。湖滨带的主要功能与湖泊的水体功能、湖泊的水质现状和湖泊的水质目标密切相关。湖泊的水体功能不同,所要求的湖泊的水质目标也会不一样,与湖泊水质现状相关的环境容量也不同,因此相应湖滨段的主要功能会不同,生物种群的选择要服从这一主要功能。同时,在保证主要功能的前提下,应当尽量考虑湖滨带的其他功能,满足湖滨带"多功能"的要求。比如考虑当地的风俗习惯、生物量(生物产品)的利用、生物种群的景观价值和旅游休闲的适宜性等。

湖滨带生物恢复是结合湖滨带基底修复状况、当地气候、水文改善条件以及植被分布现状等因素,运用生物群落结构设计的基本原理即生物的互利共生原理、生态位原理、生物群落的环境功能原理等,进行各种群组成的比例和数量、种群的平面布局、生物群落的垂直结构设计等,通过不同植物群落的构建,营造多样的生境空间,改善水质,为鸟类、兽类、昆虫类、两栖类和鱼类等提供多样化的栖息地。

传统的治理岸上岸下分开,陆域、水体、生物缺乏统筹,生态系统割裂。通过经验总结,在湖滨带生态修复样板工程中将相关技术集聚,如涵养林地、生物滞留、生态护岸、生态湿地等技术,形成系统,强化山水林田草湖生命共同体的理念,对陆域、水体、生物各要素整体保护、系统修复、综合治理,让湖滨区在洪泽湖生态系统中扮演重要的角色。

湖滨区生态修复设计应从全湖出发,重点考虑生物多样性保护、水质净化、水土保持与护岸等生态功能,同时尽量兼顾美学价值、经济价值和文化建设等。并根据所在区域进行针对性的生态重建,和城市功能定位一致,与防洪规划、水污染防治规划和其他相关规划相协调;对保持现状的区段根据湖泊护岸情况进行提升或修复,如当沿岸植被较好,护坡稳固,并与规划相一致时,可保持现状,若沿岸植被受损,护坡坍塌或与当地规划或其他规划不相统一,需对此进行生态修复。

湖滨区生态修复植物配置依据"因地制宜、适地适种、乡土种优先"的原则,根据湖区水生植物生长状况,结合工程区域地理条件和植物净水能力,优先考虑洪泽湖当地乡土物种，兼顾植物的经济价值，包括：沉水植物、挺水植物、湿生植物等。

在湖滨区生态修复治理工程中解决弃土处置的环境问题、人们对亲水的需求问题、旅游发展和文化传承等问题，重点选择在面源污染严重区、风景名胜区、饮用水水源地、居民集中区等区域营造不同的生态修复类型，满足各类需求。通过典型湖滨带生态修复工程的打造，系统治理的思维会得到越来越充分的应用，为洪泽湖生态建设项目提供实践指导。

1.3.4　生态修复效益评估

随着人类对生态系统的干扰日益强烈，出现了环境污染、资源短缺、过度开发等生态问题，生态修复在全球的发展，如何评价通过生态修复而得到改善恢复的生态系统所带来的成效，成为理论界和各地政府研究和探讨的重要问题（钱一武，2011）。1935 年，Tansley 首次提出生态系统的概念，逐渐形成了基于生态系统的生态学研究格局，并且从关注生态系统结构向功能转变（Tansley，1936）。从 1970 年开始至 1995 年，国外对于生态系统服务功能及价值评估的研究主要集中在其概念、内涵和类型方面。20 世纪末，由于自然资产交易的日益活跃，经济社会对生态系统服务价值（Ecosystem Services Value，ESV）的估算方法也表现出了迫切的需求（谢高地等，2008）。1991 年，国际科学联合会环境问题科学委员会提出要推动生态系统服务功能与生物多样性关系的研究，以及评估生态系统服务功能经济价值方法的发展，形成了基于基础数据、生态学原理、经济学理论和社会科学方法，以生态经济学理论的价值定量为核心的生态系统服务价值定量评估，包括全球以及区域范围内的生态系统服务价值评估、流域尺度的生态系统价值评价、单个生态系统功能的价值评估、生物多样性保护价值评估等。直到 1997 年，Costanza 等首先提出了生态系统服务价值估算原理及方法，此后该方法在世界范围内被迅速应用于估算各类生态系统的服务价值。生态修复效益评估的实际就是在人为干扰的情况下进一步提升生态系统的服务价值，因此，当前针对生态修复工程进行所带来的生态效益（主要包括气体调节、气候调节、环境净化、水文调节、水土保持、维持养分循环和保护生物多样性等调节服务和支持服务）、经济效益（主要包括食物生产、原料生产和水资源供给等供给服务）和社会效益（主要为美学景观等文化服务）核算时，经常用到生态系统服务价值估算原理及方法（叶尔纳尔·胡马尔汗等，2020；李潇等，2019；Sasaki 等，2015）。我国学者欧阳志云等（1999）也提出了按照生态系统服务价值将生态系统服务分为直接使用价值、间接使用价值、选择价值、遗产价值和存在价值五种(图 1-2)。

因为生态系统自身动态性就较为复杂,生态系统服务和社会经济系统之间的关系在决策的差异下,生态系统服务的分类也存在很多方式。现在大多学者认为,对生态系统服务的分类应该根据决策背景进行适应性分析,从而有效避免分类方式混乱,这样才能保证在此基础上做出具有时效性和针对性的决策,进而保证生态系统服务提供的社会福祉的可持续利用。对生态系统服务进行科学的分类,是进行生态系统服务价值评估的基础。通常,生态系统服务价值包括效应价值(直接或间接地在生态系统中获取某些效用来满足自身需求)和非效用价值(一般包括生态价值、内在价值和社会文化价值)。在各案例研究中,对生态系统服务价值的评估方法往往不止一种,由于其生态系统服务概念和研究目的的不同,一个案例研究中可能包含多种评估方法。有些研究旨在整合各种类型的数据和服务类型,来得到更综合的评估结果,例如多准则决策分析与贝叶斯网络。通过耦合不同的方法,利用这种特定的方法可以在案例研究中探索相似的方法的不确定性。由此,针对不同研究目的和研究尺度,选择合适的评价方法是做出最优相关环境决策的基础。

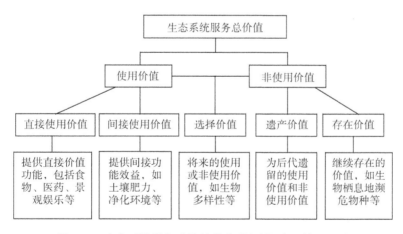

图 1-2　生态系统服务功能价值分类(欧阳志云等,1999)

目前,针对生态系统服务价值评估的经济学基础理论有劳动价值论以及效用价值论(钱一武,2011)。劳动价值论主要指在自然生态系统中所进行的生态资源的生产和再生产过程中,始终伴随着人类劳动的大量投入和相关生产资料的投入,这使得现存自然资源在一定程度上表现为直接生产和再生产的劳动产品中包含着人类劳动。当它们参与了商品流通与商品交换，劳动产品便成了商品，因而具有价值，这是用劳动价值理论解释自然资源价值的主要依据所在（杨艳琳，2002）。效用价值论则主要指在自然生态系统中所进行的生态资源的生产和再生产过程中不可以被劳动等投入直接表现为价值产品的服务功能，主要是生态系统对于维持生态系统稳定性所做出的贡献（陶善信，2017）。生态系统相关的维护成本或生态效益没有在生产或经营活动中得到很好的体现，从而导致了破坏生态环境没有得到应有的惩罚，保护生态环境产生的生态效益被他人无偿享用，使得生态环境保护领域难以达到帕累托最优。目前，用于生态系统综合效益价值评估的各种方法，都是基于这个理论基础再通过不同方式确定相应的评估单价进而展开评估的。

在此之前，我国关于生态修复效益评估的研究工作主要集中在退耕还林和治沙等方面。退耕还林和治沙等工程进入成果巩固阶段，生态补偿问题成为工程政策研究的焦点，在此种背景下进一步开展生态系统服务价值的估算就成了一项势在必行的工作。侯元兆等（2005）首次总结制定出森林生态系统的涵养水源、保护土壤、促进营养物质积累、调节气候、维持大气平衡、吸收分解污染物、保护野生生物、促进生态系统进化和发展、森林游憩及其他社会价值等 10 种生态系统服务类型。而欧阳志云等（1999）运用影子价格、替代工程等方法评估了中国生态系统的经济价值，研究了陆地生态系统中有机物质生产、二氧化碳固定、氧气释放、污染物降解以及水源涵养、土壤保护方面的生态服务功能，并运用这种方法进行了中国国家生态系统评估（2000—2010 年），量化了在2000 年之后中国进行生态保护和恢复的生态系统服务功能价值变化。该研究结果表明中国生态系统服务有所改善，其中粮食生产、固碳和土壤保持都表现出了强劲的增长，但是为生物多样性提供的栖息地逐渐减少。金旻等（2006）对生态脆弱地区多伦县通过实施沙地植被恢复与保育技术、流动沙丘地膜固沙和灌木造林综合治沙技术、窄行多带式防风固沙林综合营造与经营技术、草地天然植被保护及现代草地畜牧业高效经营技术等防沙治沙生态修复工程的建设，形成了农牧交错区具有特色的沙地治理和生态农牧业可持续发展模式，并取得了显著的生态、社会和经济效益的情况进行了系统研究，对防沙治沙的综合治理模式及效益评价提出了新的思路。与上述各学者所运用的方法不同的是，谢高地等的研究基于 Costanza 的研究结果修订了更符合我国生态系统服务评估的价值当量因子，被广泛应用于各地区的生态系统服务价值研究中。谢高地等人（2008）根据在中国对 700 位生态方向的专业研究人员进行的问卷调查，提出

Costanza 的研究方法在中国应用的争议和缺陷，依据我国社会经济发展和生态系统现状修订了该方法，并应用于中国自然草地、主要陆地、农田、青藏高原地区以及高寒草地等不同范围和不同生态系统的服务功能价值评估中。

　　虽然国内外就生态系统服务价值的评估方法开展了大量的研究工作，但尚未形成一套统一的评估体系。方法的不同也导致研究结果之间存在较大差异，从而限制了对生态系统服务功能及其价值的客观认知（Zhang 等，2010；Yu 和 Bi，2011）。目前，生态系统服务价值具体核算方法可以大致分为两类，即基于单位服务功能价格的功能价值法（王景升等，2007）和基于单位面积价值当量因子的当量因子法（谢高地等，2015）。功能价值法即基于生态系统服务功能量的多少和功能量的单位价格得到总价值，此类方法通过建立单一服务功能与局部生态环境变量之间的生产方程来模拟小区域的生态系统服务功能（Kareiva 和 Marvier，2003）。但是该方法的输入参数较多、计算过程较为复杂，更为重要的是对每种服务价值的评价方法和参数标准也难以统一。当量因子法是在区分不同种类生态系统服务功能的基础上，基于可量化的标准构建不同类型生态系统各种服务功能的价值当量，然后结合生态系统的分布面积进行评估（谢高地等，2015）。相对功能价值法而言，当量因子法较为直观易用，数据需求少，特别适用于区域和全球尺度生态系统服务价值的评估，因此也得到了学界的广泛认可。与此同时，谢高地等（2015）在 Costanza 等（1997）的研究基础上结合我国生态系统服务的实际情况，制定了"中国陆地生态系统服务价值当量因子表"，为我国生态系统服务价值的动态评估提供相对全面、客观的评估方法，并被国内学者广泛应用（胡毅等，2020；涂小松等，2015）。

2 洪泽湖基本情况

2.1 形成历史

洪泽湖的形成受到两条主断裂带的影响：一是洪泽湖西侧的郯庐断裂带；一是斜经湖区北侧，并在安徽省明光境内同郯庐巨型断裂带相切割的淮阴断裂带。与淮阴断裂带大体平行的一条断裂是老子山—周桥—石坝断裂，这条断裂带与淮阴断裂带之间，还有若干纵向的连接二者的断裂支脉。在漫长的地质运动中，其综合作用的结果，就是形成了地质构造上的"洪泽凹陷"，即洪泽湖的原始湖盆。洪泽湖区位于古淮河中下游，以古淮河淤积为主，原始表土土质肥沃，加之气候温和四季分明，水源丰富，便于垦殖，故历代常有堰水屯田、大兴屋殖之举。根据史册记载，洪泽湖水域还是以便利居住、宜于垦殖的陆地为主的。其中，《三国志·陈登传》记载，建安年间，陈登在汉代古堤的基础上起于武家墩，止于今洪泽区西顺河镇境内，筑造起了高家堰。"江淮熟，天下足"这则古谚反映了在黄河夺淮以前，淮河流域是农业比较发达的富庶之区。在历史的进程中，明中叶以前，洪泽湖湖区积水面已相当可观，并初具如今洪泽湖的雏形。而这个雏形的产生又主要得力于高家堰的修筑。如果高家堰被废除，将有相当一部分湖泊再成桑田，还有一部分则成为季节性湖泊，另有一部分较大较深的湖泊，湖面也将大为缩小。如果现在废洪泽湖大堤，因为湖底已被淤成近乎平面，故洪泽湖将全部成陆。因此，洪泽湖是明以前历代堰水屯田所孕育的。

今天展示在人们面前的洪泽湖，主要是黄河夺淮造就的。按其湖盆成因，洪泽湖属河迹洼地型湖泊，成湖前沿淮本有许多小型湖泊，一般情况下，淮湖互不相连。在 12 世纪以前，黄河虽然也偶或南决入淮，但大抵旋决旋塞，对淮河影响不大。宋高宗建炎二年（1128 年），金兵南侵，宋将杜充决开黄河，以水代兵,河水部分南流,由泗入淮。自金明昌五年(1194 年)黄河决阳武以后,黄河分为南北二支,北支由北清河入渤海,南支由泗水夺淮入黄海。此后,南支泄洪量日渐大于北支,黄河全流夺淮遂成必然趋势。黄河夺泗、夺淮以后,淮阴码头镇附近的清口以上泗水河床和清口以下淮河河床逐渐受到黄河泥沙淤垫。明中叶黄河全流夺淮以后,淮河泄流日益不畅,逐渐在洪泽洼地大量潴积,湖面逐渐扩大。明孝宗弘治七年(1494 年),刘大夏筑太行堤阻断黄河北支,后又陆续阻断其他旁流之路,固定由泗水入淮。于是开始"以区区之清口""受万里全河之水",形成黄河全流夺淮的局面。

黄河南徙之初,淮河尾闾尚深广能容,然而随着淮河水位逐渐抬高,尤其是明朝中后期,随着尾闾的不断淤垫,淮河受黄河顶托日趋严重,造成黄、淮同时出水不畅的局面。淮河泄流不畅,便在高家堰以西各湖洼潴积,使水位迅速增高,频频冲决高家堰,撕开里运河河堤,在里下河地区漫流。淮河决溢,水位骤降,经由洪泽湖从决口处流溢出去,造成水灾连年、大灾不断的局面。在严重的洪水威胁面前,开始时人们出于常识性经验,堵塞决口,但主要是为了防止和减轻水患,带有消极性,缺乏战略性。直到明万历年间,随着河患日亟,运道梗阻,以潘季驯为杰出代表的廷臣在治理方针上提出了"蓄清刷黄济运"的意见,即拦蓄淮河澄清之水,使专注清口,增强对清口以下河床的冲刷力,使黄河带来的泥沙不至于淤垫,从而保证清口以下河道的畅通。同时,可用澄清的淮河水及时补给里运河,使运道得以畅通无阻。要做到这样,必须大筑高家堰,使其有足够的拦蓄能力,即使在洪汛期也不会溃决,如此则可收到举一反三的效果。即清口以下河道不淤垫;运河随时有清澄之水补给;里下河地区不因溃决而频频受灾。"蓄清刷黄济运"的意见被实施并长期占据主导地位,得以基本连续地实施。明朝后期筑高家堰,正是该方针实施的结果。经此往后,清康熙十八年,高家堰正堤石工比潘季驯时加高了 3 尺,天然减水坝亦已加筑。据《靳文襄公奏疏》载,"洪泽湖水又复加涨二尺,兼之浪如山涌,竟从堤顶之上处处泼漫而过"。以此估算,这时的洪泽湖水位高程当在 12 m 以上。次年秋,高家堰全部筑成,高程约 14 m,当时洪泽湖洪水期的最大水域面积,甚至已经明显超过如今洪水期的水域面积。经明清不断地对洪泽湖大堤进行修筑,到清乾隆十六年(1751 年),历时 171 年,终于完成了洪泽湖石工大堤。至此,作为特大湖泊型水库的洪泽湖就形成了。此后,黄河于 1855 年北徙,洪泽湖水位下降,面积明显减小。

新中国成立前,洪泽湖滨湖洼地长期处于"水落随人种,水涨随水淹""种湖田贩私盐,捞到一年是一年"的自然状态,地广人稀,群众生产生活很不稳定。新中国成立后,1950 年 10 月 14 日,中央人民政府政务院作出了关于治理淮河的决定,明确了洪泽湖治理的具体规划:承担蓄洪滞洪,供给灌溉和航运用水,适当利用水力发电。根据这一治理规划,洪泽湖陆续开辟苏北灌溉总渠、淮河入江水道、淮沭新河等排洪工程,建设了三河闸、高良涧进水闸、二河闸等水利控制建筑物,使得蓄泄能力大大增强。同时,洪泽湖大堤作为淮河下游地区的防洪屏障,土堤始筑于东汉建安年间,石工墙从明万历八年(1580 年)至清乾隆十六年(1751 年)历时 171 年建成,在新中国成立以后,又陆续对大堤进行了多次较大规模加固,使得洪泽湖防洪能力逐步巩固提升。

2.2　形态特征

　　洪泽湖为我国第四大淡水湖泊,地处苏北平原中部偏西,位于淮河中下游接合部,行政区域涉及江苏省淮安市的盱眙县、洪泽区、清江浦区、淮阴区和宿迁市的泗阳县、宿城区、泗洪县。西北部为成子湖湾,西部为安河洼、溧河洼,港汊众多,西南部为淮河干流入湖口,发育着大小洲滩 30 多个,东部为洪泽湖大堤。洪泽湖属浅水型湖泊,湖底高程为 10.00～11.00 m,呈西北高东南低趋势。湖泊最大长约 60 km,平均宽度约为 24.4 km,岸线总长度 607.7 km。洪泽湖承泄淮河上中游 15.8 万 km^2 汇水面积的来水,多年平均入湖径流量约 229.4 亿 m^3,换水周期约 35 d。

　　洪泽湖具体形态特征数据如表 2-1 所示。

表 2-1　洪泽湖形态特征表

区域	水域面积/km^2	流域面积/km^2	湖岸线总长/km	换水周期/d	容积/亿 m^3
洪泽湖	1 775	158 000	607.7	35	39.57

　　注:数据来源为 2022 年《洪泽湖保护规划》。

2.3　地质地貌

　　洪泽湖区位于华北地台鲁苏隆起的南端,扬子准地台苏北凹陷的西部,是白垩纪—新生代的凹陷区,郯城—庐江深大断裂于湖西侧通过。郯庐断裂是第四纪活动断裂,与洪泽湖大堤的直线距离较近。中、新生代以来的活动断裂响水口—嘉山大断裂(北东向)和无锡—宿迁大断裂(北西向)在湖区内交会。此外尚有数条规模较小的北西向断裂和北东向断裂在清江—洪泽—盱眙一带发育。湖西地区位于郯庐断裂东侧,经过长期的地质运动及地貌演化,形成宽窄不等、高低相间的岗陇和洼地,这些岗陇洼地俗称"三洼四岗",由南向北分别为:起于欧岗、止于管镇的西南岗,长 40 km,宽 3~15 km;溧河洼,长 40 km,宽 10~15 km,地面高程由 20 m 降至 12 m;起于归仁集、止于陈圩的濉汴岗,长 40 km,宽 1~7 km;安河洼,长 35 km,宽 10 km 左右,地面高程由 16 m 降至 12 m;起于曹庙、迄于龙集的安东岗,长 35 km,宽 3~10 km;成子湖洼长 25 km,宽 7~14 km,高程约 10 m,湖底极平坦,倾度为零。成子湖洼东侧还有一条西北—东南走向的岗陇,从卢集向东南至裴圩,长 10 km,宽 2~5 km,高 21~15 m。洪泽湖湖底高程见图 2-1。

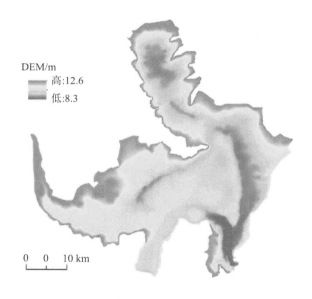

DEM/m
高:12.6
低:8.3

0   0   10 km

图 2-1　洪泽湖湖底高程图

洪泽湖东南部的蒋坝至西南部的盱眙县城一线,属湖南区。蒋坝位于洪泽湖大堤的最南端,旧称"秦家高岗",其南面地形由海拔 30 m 逐渐升高至 100 m 以上,与盱眙—六合火山群台地相接。盱眙城至老子山为连绵的低山,是淮阴断裂带东侧的一组隆起,其山顶由西南向东北,渐次从海拔 150 m 降至 50 m。老子山以北,由于受到与山脉走向正交的老子山—石坝断裂切割,山脉断然终止。湖东、湖北的地貌,主要是河、湖、海冲刷堆积而成的平原,地势低下,呈簸箕口形,特别是武墩至高堰一带,地势最为低下,地面高程仅有 8~10 m。

洪泽湖属浅水湖泊,湖盆呈浅碟形,岸坡平缓,由湖岸向湖心呈缓慢倾斜,湖底较平坦,湖底高程一般在 8～12 m,高出东部平原 4～8 m。北部湖底高程一般在 9.0～11.0 m,南部湖底高程一般在 7.5～9.0 m。这种湖盆形态的差异与入湖河流的分布有关,同时在很大程度上也是与黄河改道南徙夺淮以来的巨大影响分不开的。

2.4 气象气候

洪泽湖地处淮河中游的末端,淮河穿湖而过,因此,洪泽湖地区的气候具有中国南北气候带过渡的性质。洪泽湖地区四季分明,受亚热带季风性气候影响显著。冬季为来自高纬度大陆内部的气团所控制,寒冷干燥,多偏北风,降水稀少。夏季为来自低纬度的太平洋偏南风气流所控制,炎热、湿润、降水高度集中,且多暴雨,是湖区降水的主要形式。春季和秋季是由冬入夏及由夏转冬的过渡季节,气温、降水及湿度等随之而发生相应的变化。春季,湖区以来自太平洋的洋面季风为主,多东南风,空气暖湿,降水量增加,因冷、暖气团活动频繁,天气多变,乍暖乍寒,但平均风力则为全年最大。秋季,冷气团迅速代替暖气团,太平洋高压势力减弱,蒙古高压势力向南逼近,当大气层结处于稳定状态时,便出现秋高气爽的天气,少云多晴朗天气。10 月以后,蒙古冷高压继续南扩,近地面层以极地大陆气团为主,高空的西风环流已南移至西藏高原以南,湖区凉秋骤寒,进入隆冬季节。

洪泽湖区在春末或秋初有强梅雨或强台风雨出现。若梅雨锋带在该区滞留时间较久而降水强度又大,则会形成洪涝水患。秋季本是湖区出现秋高气爽的天气,然而在秋初湖区又会有强台风雨出现,强度大,历时短,范围小。2018 年 8 月第 18 号台风"温比亚"就是造成湖区严重洪涝灾害的原因。所以,强梅雨、强台风均是湖区灾害性的天气。

据 1956—2020 年泗洪气象站观测资料统计分析(图 2-2、图 2-3),受东亚季风气候影响,洪泽湖大部分东风、东偏南风或东偏北风出现频率远远高于其他风向。1956—2020 年长系列风场数据分析结果表明:东风在所有 16 风向中占比最高,各年平均达到 11.43%;其次是东偏南风,占比达到 11.28%;再次为东偏北风,占比为 10.47%;其他风向占比都在 8% 以下,西南风和西风出现频率最低,在所有 16 风向中的占比分别只有 3.43% 和 3.52%。洪泽湖区多年平均风速为 2.78 m/s。从分月来看,3 月平均风速最高,为 2.55 m/s;其次为 2 月,为

2.52 m/s;8月平均风速最低,为 1.91 m/s。从风速的变化趋势来看,呈现逐渐降低的态势,由 1956 年—1965 年的十年平均风速 4.11 m/s 下降至 2006 年—2015 年的十年平均风速 2.10 m/s。

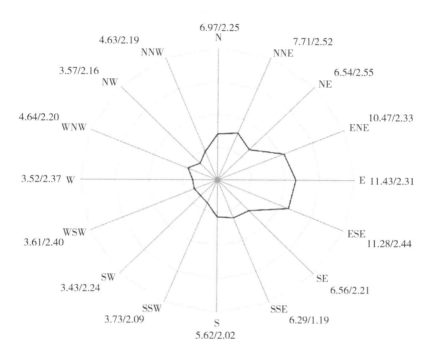

图 2-2　洪泽湖地区多年平均风速、风向雷达图(风向频率:%;风速:m/s)

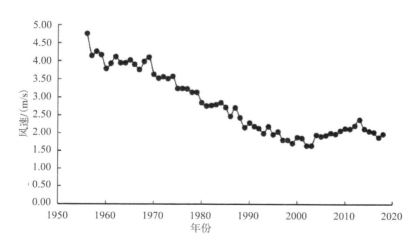

图 2-3　1950—2020 年洪泽湖地区风速变化

据 1956—2020 年泗洪气象站观测资料统计分析(图 2-4),洪泽湖地区多年年均气温为 14.77℃。冬季气温低,平均气温为 2.16℃;夏季气温较高,平均气温为 26.38℃;春季和秋季为气温的过渡季节,平均气温分别为 14.45℃、15.90℃。从多年气温变化来看,该区域气温有上升的趋势。气温最低值为－3.42℃,出现在 1969 年 3 月 1 日;气温最高值为 30.35℃,出现在 1994 年 7 月 1 日。

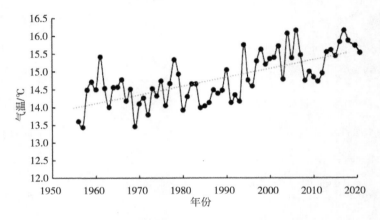

图 2-4　洪泽湖地区(泗洪站)年均气温变化

据 1956—2020 年泗洪县气象站观测资料统计分析(图 2-5),洪泽湖区多年平均年降水量为 921.4 mm,尚属丰富。其中,冬半年因受冬季风控制,降水量少;夏半年因东南季风从海洋面上带来丰富的水汽,降水量增加,有梅雨、气旋雨、雷暴雨、台风雨等产生,汛期(6—9 月)的降水量为 500.7 mm,占年降水量的 54.34%。降水量的年内分配以 7 月为最多,8 月次之,1 月最少。洪泽湖区的降水年际间变化大,最大年降水量为 1 526.0 mm,出现于 2003 年;最小年降水量为 521.6 mm,出现于 2004 年。

2020 年,洪泽湖湖区降水量为 1 056.0 mm,较历年均值偏多 3.2%。6 月、7 月、8 月降水最多,分别为 251.0 mm、237.5 mm、207.5 mm,分别占全年的 23.8%、22.5%、19.6%。最大日降水量为 93.9 mm(6 月 28 日)。

洪泽湖区多年平均蒸发量为 1 570.9 mm。其中,冬季因气温低,降水少,土壤水分含量亦少,成为全年的低值区,大致约 61.2 mm/月;春季,太阳辐射量逐渐增加,气温相应增高,蒸发量激增,约为 167.5 mm/月,为冬季蒸发量的 2 倍以上;夏季,气温又较春季更高,蒸发量达到年内最大值,约为 207.2 mm/月;秋季,气温虽高于春季,但因空气中湿度较大,因而蒸发量小于春季,约为 123.6 mm/月。

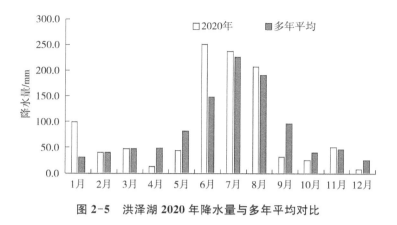

图 2-5　洪泽湖 2020 年降水量与多年平均对比

2.5　自然资源

洪泽湖区域物产丰富,区域内气候温和,四季分明,雨量充沛,生物种类繁多。区域内生物资源丰富,共有维管植物 69 科 162 属 217 种,其中,调查记录到 4 种中国特有植物,分别为水杉(栽培种)、侧柏(栽培种)、乌菱和野菱。鸟类共有 194 种,隶属 14 目 40 科 76 属,约占全国鸟类总数的 16.3%。其中,候鸟有 100 种(夏候鸟 41 种,冬候鸟 59 种),旅鸟有 51 种,留鸟有 43 种。洪泽湖还是长江淡水鱼类和水生生物重要的繁衍地,同时也是长江鱼类重要的洄游场所。区域内共发现鱼类 67 种,分别隶属于 7 目 11 科;两栖动物 7 种,共 4 科 6 属,其中金线蛙和黑斑蛙属省级保护动物;爬行动物 14 种,属 2 目 8 科;哺乳动物 15 种,分属 5 目 6 科;另有浮游生物 91 种,底栖动物 76 种。

洪泽湖水产资源丰富,拥有丰富的鱼虾蟹贝等水产资源,是发展水产业的宝地,是江苏重要的渔业基地。洪泽湖渔业资源丰富,历史上渔业以捕捞为主,人工养殖较少。2019 年洪泽湖水产品总量达到 5.25 万 t,其中养殖产量 2.09 万 t、捕捞产量 3.15 万 t,养殖产量明显下降,其中河蟹 1.16 万 t,占比 56%;捕捞产量有所增加,其中刀鲚 1.03 万 t、鲢鳙鱼 0.62 万 t、鲫鱼 0.57 万 t、银鱼 0.47 万 t、秀丽白虾 0.072 万 t、青虾 0.062 万 t、克氏原螯虾(俗称小龙虾) 0.009 万 t,鱼类占捕捞产量的 72%。经过多年的发展,洪泽湖已经形成良好的渔业基础设施条件和管理与服务体系,渔业已成为湖区渔民增收的主要来源。

　　洪泽湖的旅游资源十分丰富,但其开发相对较晚。目前沿湖地区正在充分利用山、水、林等自然资源优势,构建以洪泽湖为中心,自然景观和人文景观融为一体的独具特色的旅游发展框架,努力调整旅游产业结构,积极构筑旅游市场体系,大力发展旅游经济。现已开发的主要旅游景区为明祖陵、泗洪洪泽湖湿地公园、洪泽湖古堰、三河闸、洪泽湖度假村、老子山温泉度假村、钱码岛休闲度假村、泗阳成子湖旅游度假区、大墩岛等。

　　根据《江苏省国家级生态保护红线规划》《江苏省生态空间管控区域规划》(图 2-6、图 2-7),涉及洪泽湖的保护区有 4 类 20 个:自然保护区 3 个,为洪泽湖东部湿地省级自然保护区、泗洪洪泽湖湿地国家级自然保护区、盱眙县陡湖湿地市级自然保护区;饮用水水源保护区 4 个,为盱眙县洪泽湖桥口引河水源地饮用水水源保护区、洪泽区洪泽湖周桥干渠水源地饮用水水源保护区等;重要湿地 6 个,为洪泽湖(洪泽区)重要湿地、洪泽湖(淮阴区)重要湿地、洪泽湖(盱眙县)重要湿地等;特殊物种保护区 7 个,为洪泽湖银鱼国家级水产种质资源保护区、洪泽湖青虾河蚬国家级水产种质资源保护区等。各类生态红线保护区域分级分类管控。

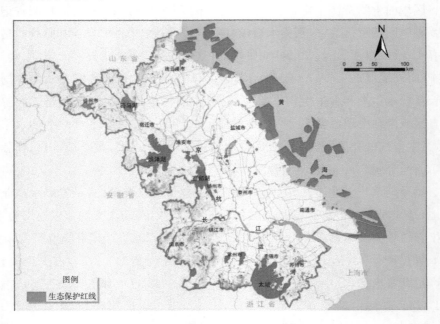

图 2-6　江苏省生态保护红线分布图

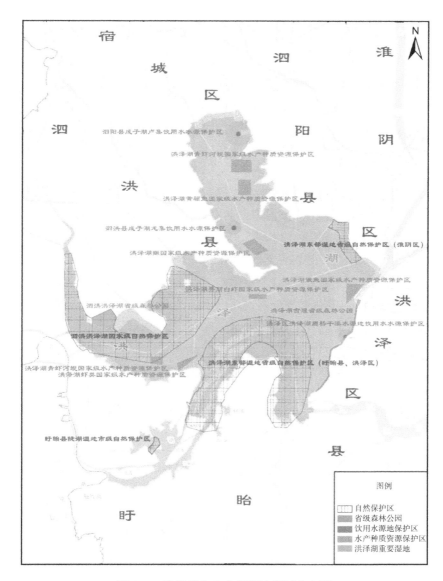

图 2-7　洪泽湖生态空间管控区域分布图

2.6　水系特征

　　洪泽湖承泄淮河上中游 15.8 万 km² 的来水,环湖河道 137 条,其中主要入湖河道 27 条。入湖河流主要在湖西侧,主要有淮河、怀洪新河、池河、新汴河、老汴河、新(老)濉河、徐洪河、安东河、民便河、朱成洼河和团结河等,在湖北侧和南侧主要有古山河、五河、肖河、马化河、高松河、黄码河、淮泗河、赵公河、张福河、维桥河、高桥河等,其中淮河入湖水量一般占总入湖水量的 70% 以上。出湖主要河流有淮河入江水道、入海水道、淮沭新河和苏北灌溉总渠等,其中淮河入江水道为洪泽湖的主要泄洪通道,约 70% 的洪水由三河闸下泄后,经入江水道流入长江;其余洪水由二河闸下泄后,经入海水道流入黄海,或经淮沭新河向北转入新沂河入黄海,由高良涧闸下泄,经苏北灌溉总渠流入黄海。洪泽湖还充当"南水北调"的"中转站"和"蓄水池",北调的长江水、淮河水,有相当部分通过洪泽湖潴积,由二河、徐洪河东西两路,经京杭运河逐级北调。洪泽湖水系图见图 2-8。

2020 年洪泽湖主要控制站入湖水量 449.7 亿 m^3,出湖水量 451.2 亿 m^3。淮河是入湖水量的主要来源,全年有 84.0% 入湖水量来自淮河;入江水道和二河是主要出湖口门,出湖水量分别占总出水量的 68.8%、17.8%。详见表 2-2。

表 2-2　2020 年全年洪泽湖主要控制站出入湖水量

入湖			出湖		
序号	河道名称	水量/亿 m^3	序号	河道名称	水量/亿 m^3
1	淮河	377.8	1	入江水道	310.6
2	新汴河	7.7	2	二河	80.1
3	池河	10.5	3	苏北灌溉总渠	54.7
4	怀洪新河	22.9	4	洪金洞	2.4
5	濉河	8.9	5	周桥洞	3.4
6	老濉河	1.3			
7	徐洪河	9.9			
8	南水北调	10.7			
合计		449.7	合计		451.2

(1)主要入湖河道

淮河:入洪泽湖的最大河流和湖水量的主要补给来源,其源于鄂豫交界处的桐柏山,蜿蜒东流,经豫、皖两省,在老子山附近入湖。淮河盱眙段全长 64.59 km,自县境西北角鲍集乡新河口入境,呈"U"字形流经盱眙城向北流入洪泽湖。此段,河宽 400~1 300 m,底高程 5~7 m,深 4~11 m。淮河水位平均值为 12.50 m,最高水位为 15.75 m,最低水位为 10.33 m,具有平原河流的水文特点,河床比降小,流速缓慢,最小流量近于0,年均排沙量约在300万t以上。根据《江苏省地表水(环境)功能区划(2021—2030年)》,淮河主要功能是农业用水区,水质目标为Ⅲ类。

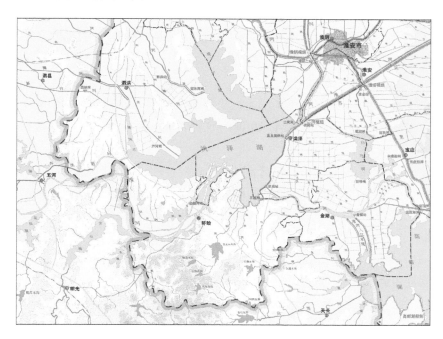

图2-8　洪泽湖水系图

怀洪新河:怀洪新河是淮河中游兴建的一项治淮战略性骨干工程,属淮河流域洪泽湖-漴潼河水系。流域面积12 000 km²,干河全长121 km,流经安徽怀远、固镇、五河和江苏泗洪县。其主要作用是分泄淮河干流洪水,扩大漴潼河水系排涝能力,兼顾灌溉、通航等。新河的建设给沿河地区经济社会发展带来新的契机,发挥防洪、除涝、水资源优化配置、航运、水产养殖等综合作用,促进地区经济的发展和沿河人民生活环境的改善。

池河:源出定远县西北大金山东麓,流经定远县、明光市,于苏皖交界的洪山头注入淮河,总流域面积为4 215 km²,全长245 km。

徐洪河:徐洪河是连通三湖(洪泽湖、骆马湖、微山湖)、北调南排、结合通航的多功用河道,河线北起徐州市铜山区的京杭大运河,向南流经徐州市邳州市、睢宁县,至宿迁市泗洪县的顾勒河口入洪泽湖,河道全长187.0 km。

潍河:源于废黄河南堤,由安徽省向东流至江苏省泗洪县后,于东南注入洪泽湖安河洼;新濉河则在泗洪县城附近汇入溧河洼。

新汴河:为人工整治的淮北地区排洪河道,在安徽省的宿县以东借道新北沱河直抵芦湾,沿界洪新河入洪泽湖西部的溧河洼,流经安徽省的宿县、灵璧、泗县和江苏省的泗洪等县。

五河:源于宿迁境内的废黄河,是黄河故道的一条重要分洪河道,经宿城区于洪泽湖北部注入成子湖湾,全长约 18 km。

(2) 主要出湖河道

淮河入江水道:全长 156 km,上起洪泽湖三河闸,经高邮湖、邵伯湖至扬州市三江营入长江,设计行洪流量 12 000 m³/s,1954 年 8 月 6 日实际最高行洪流量 10 700 m³/s。

二河:全长 196 km,南起洪泽湖二河闸,经淮阴、沭阳进入新沂河入黄海,设计行洪流量 3 000 m³/s,2003 年 7 月 11 日实际最高行洪流量 1 320 m³/s。

苏北灌溉总渠:全长 168 km,西起洪泽湖高良涧进水闸,流经淮安(今楚州)城南与里运河平交,至射阳县六垛扁担港入黄海,设计行洪流量 800 m³/s,1975 年 7 月 19 日实际最高行洪流量 1 020 m³/s。

淮河入海水道:与苏北灌溉总渠平行,全长 163.5 km,西起洪泽湖二河闸,经清浦、淮安、阜宁、滨海 4 县(区),至扁担港入黄海。近期设计排洪流量 2 270 m³/s,远期设计排洪流量 7 000 m³/s。2003 年 7 月 5 日投入使用,7 月 14 日实际最高排洪流量 1 820 m³/s。

2.7　水文特征

2.7.1　特征水位

洪泽湖死水位 11.30 m,生态水位 11.30 m,汛限水位 12.50 m,正常蓄水位 13.50 m,相应库容 39.57 亿 m³;设计洪水位 16.00 m,相应库容 112.13 亿 m³。洪泽湖多年平均水位 12.59 m(1954—2020 年),历史最低水位 9.68 m(1966 年 11 月 11 日),最高洪水位 15.23 m(1954 年 8 月 16 日)。洪泽湖水位除受湖泊水量平衡各要素的变化和湖面气象条件影响外,还受其周围泄水建筑物启闭的影响。自 20 世纪 50 年代以来,人们围绕洪泽湖修建了大量的水利工程,这些工程对洪泽湖水位产生了巨大的影响。洪泽湖水位不仅受到入湖河流流量的控制,还受到人工调节,从而为灌溉、航运、发电和渔业提供服务。因此,洪泽湖水位的变化很大程度上取决于涵洞和水闸的启闭运行。许多人工出流通道都先后用于洪泽湖泄洪,这有效地控制了洪泽湖水位的上升速度。

2.7.2　水位变化特征

1989—2020 年,洪泽湖多年平均水位为 12.82 m(蒋坝水位站),多年平均最高水位为 13.62 m,极端最高水位 14.32 m(2003 年 7 月 14 日),极端最低水位 10.52 m(2001 年 7 月 25 日)。相比于建闸前和 1954—1988 年,洪泽湖水位有所上升。除了 1999 年和 2001 年水位低于 12.40 m,其余年份均高于 12.40 m。从水位过程线变化(图 2-9)来看,冬春季水位最高,为 13.00 m;夏季水位最低,为 12.50 m,秋季为过渡季节,水位为 12.80 m。年内最低平均水位一般出现在 6 月下旬。由于 6 月中下旬是整个洪泽湖地区水稻用水高峰期,洪泽湖水位出现急剧下降的趋势。而随后的 7 月份因淮河流域降雨量增多,上中游来水量加大,使得 7 月水位出现急速上涨。其间受人工调控的影响,二河闸、三河闸等开闸泄洪,使得洪泽湖主汛期水位低于非汛期水位。

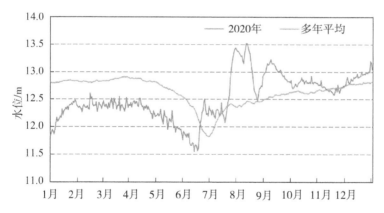

图 2-9　洪泽湖 2020 年日平均水位与多年均值(1990—2020 年)对比图

据蒋坝站水位统计,2020 年上半年洪泽湖水位较多年平均日水位偏低。受本地降雨及上游来水等影响,水位 6 月中下旬后明显上涨,2020 年 6 月 23 日—7 月 16 日,洪泽湖水位在 12.20 m 和 12.50 m 之间波动。受 2020 年淮河 1 号洪水影响,淮河干流持续大流量行洪,水位自 7 月 17 日明显上涨,8 月 10 日洪泽湖水位涨至 13.53 m,低于警戒水位 0.07 m。之后水位处于缓慢回落状态。汛后,洪泽湖水位在 12.50 m 和 13.20 m 之间波动运行。2020 年全年蒋坝站平均水位 12.53 m,较多年均值偏低 0.06 m;全年最高水位 13.53 m(8 月

10 日),最低水位 11.46 m(6 月 17 日),水位最大变幅 2.07 m。

2.7.3 洪水调度方案

根据 2016 年国家防汛抗旱总指挥部(简称国家防总)批复的《淮河洪水调度方案》(国汛〔2016〕14 号),洪泽湖及淮河下游洪水调度方案为:

(1)洪泽湖汛限水位为 12.50 m(蒋坝站水位,下同)。当预报淮河上中游发生较大洪水时,洪泽湖应提前预泄,尽可能降低湖水位。

(2)当洪泽湖水位达到 13.50 m 时,充分利用入江水道、苏北灌溉总渠及废黄河泄洪;当淮沂洪水不遭遇时,利用淮沭河分洪。

洪泽湖水位达到 13.50~14.00 m 时,启用入海水道泄洪。

(3)预报洪泽湖水位达到 14.50 m 时,三河闸全开敞泄,入海水道充分泄洪,在淮沂洪水不遭遇时淮沭河充分分洪。

(4)当洪泽湖水位达到 14.50 m 且继续上涨时,滨湖圩区破圩滞洪。

(5)当洪泽湖水位超过 15.00 m 时,三河闸控泄 12 000 m³/s。如三河闸以下区间来水大且高邮湖水位达到 9.50 m,或遇台风影响威胁里运河大堤安全时,三河闸可适当减少下泄流量,确保洪泽湖大堤、里运河大堤安全。

(6)当洪泽湖水位超过 16.00 m 时,入江水道、入海水道、淮沭河、苏北灌溉总渠等适当利用堤防超高强迫行洪,加强防守,控制洪泽湖蒋坝水位不超过 17.00 m。

(7)当洪泽湖蒋坝水位达到 17.00 m,且仍有上涨趋势时,利用入海水道北侧、废黄河南侧的夹道地区泄洪入海,以确保洪泽湖大堤的安全。

2.8 环湖水利工程

(1)三河闸

三河闸位于江苏省境内的洪泽湖东南部,是淮河下游入江水道的重要控制口门,也是淮河流域骨干工程。三河闸是新中国成立初期我国自行设计和施工的大型水闸,于 1952 年 10 月动工兴建,1953 年 7 月建成放水。闸身为钢筋混凝土结构,共 63 孔,每孔净宽 10 m,总宽 697.75 m,底板高程 7.5 m。按洪泽湖水位 16.00 m 设计、17.00 m 校核,原设计流量为 8 000 m³/s,加固后设计行洪能力提高到 12 000 m³/s。江苏省水利厅于 1968 年、1970 年两次对该闸进行了加固,1976—1978 年进行了抗震加固,1992—1994 年又对三河闸进行全面加固,2001年新建了彩钢板启闭机房,2003年安装了闸门自动监控系统,实现了水利工程管理自动化。

（2）二河闸

二河闸位于江苏省淮安市洪泽区高良涧街道东约7 km处,于1957年11月开工兴建,1958年8月竣工,是淮河下游洪水分泄入新沂河的关键性工程,也是淮水北调的进水闸,并兼有分沂入淮、引沂济淮的功能。二河闸共35孔,每孔净宽10 m,总宽402 m,闸底板高程8.0 m。该闸属Ⅰ级水工建筑物,原设计标准是:设计流量9 000 m³/s,其中分淮入沂设计流量3 000 m³/s,入海水道及渠北分洪6 000 m³/s,引沂济淮设计流量300 m³/s,于2007年5月完成加固。入海水道进洪闸位于二河闸下3.5 km处,是入海水道的进口。该闸设计泄洪流量2 270 m³/s,强迫泄洪流量2 890 m³/s。

（3）高良涧进水闸

高良涧进水闸位于淮安市洪泽区高良涧街道境内,是苏北灌溉总渠的渠首,为洪泽湖的控制工程之一,建成于1952年7月,原设计流量700 m³/s,经3次加固后设计流量调整为800 m³/s。高良涧闸共16孔,每孔净宽4.2 m,闸室总宽81.24 m,闸底高程7.5 m。

（4）洪泽湖大堤

洪泽湖大堤始建于东汉建安五年（200年）。陈登始筑,初为土堤,古称高家堰、捍淮堰等。唐时增筑唐堰,在现周桥一带。汉魏隋唐时期的洪泽湖大堤,其主要功能是捍淮、屯田。按《江苏省水利工程管理条例》,洪泽湖大堤管理范围为:迎水坡由盱眙县老堆头至二河闸段,防浪林台坡脚外10 m;二河闸至码头镇段,以顺堤河为界（含水面）。背水坡有顺堤河的,以顺堤河为界（含水面）;没有顺堤河的,堤脚外50 m。蓄水堤圈、溧河洼堤防及洪山头以下淮干堤防为3级堤防,根据《堤防工程管理设计规范》,其管理范围为堤防外坡脚起20 m。洪泽湖大堤保护范围为管理范围边界线以外300 m,蓄水堤圈、溧河洼堤防及洪山头以下淮干堤防保护范围为管理范围边界线以外200 m。在洪泽湖保护范围内,重要的水利工程设施主要为洪泽湖大堤、蓄水保护堤圈、淮干堤防以及穿洪泽湖大堤的三河闸、高良涧闸、二河闸、洪泽泵站、周桥、洪金灌溉涵洞、堆头涵洞、蒋坝船闸、高良涧船闸等建筑物。

2.9 围垦与退圩历程

洪泽湖属浅水型湖泊,周边地区历史上是洪水淹没和调蓄的场所,20世纪

50 年代兴建周边挡洪堤等蓄洪垦殖工程,批复沿 12.5 m 等高线兴建挡洪堤后,逐步开发利用成为蓄滞洪区。自 20 世纪 50 年代开始,洪泽湖周边居民将废沟塘整理为育苗饲养池塘,进行养殖渔业活动,形成了圈圩利用的雏形;进入 20 世纪 90 年代,围网养殖面积迅速增大,水下堤坝的高度不断增高,最终导致堤坝部分露出湖面形成了封闭的圈圩环境。洪泽湖周边滞洪区历次规划只是提出下限的基础为 12.5 m 蓄洪垦殖堤圈线,界线未具体确定,现状的圈圩垦殖形成及变化大致经历了几个大的过程:

20 世纪 50 年代,为安置蓄水移民,1954 年淮河水利委员会以 37601 号通知要求"圈圩的地面高程原则上沿 12.5 m 等高线筑堤,个别地区根据迁移垦殖需要,可在 12.0～12.5 m 间圈筑"。

20 世纪 60—70 年代,遭遇 1966 年、1978 年两年大旱,加上渔业改造和渔民定居的需要,沿湖群众在 12.5 m 以下,从利用湖滩地种一些麦子,逐步发展为圈圩扩垦。

20 世纪 80 年代中后期,沿湖大开发,应用联合国粮食及农业组织基金,又在堤圈线外进行部分开发圈圩。

20 世纪 80—90 年代,受水产养殖及土地开发等经济利益驱动,又造成新一轮的围垦开发。湖泊围占形式从过去的农业种植为主,发展到精细特种养殖并且普遍地进行大面积水面围网养殖。为此,1995 年汛前,国家防总、江苏省人民政府下达洪泽湖清障任务,清除了部分圈圩。

20 世纪 90 年代末至 21 世纪初,由于经济利益的驱动,洪泽湖的开发力度不断加大,圈圩养殖在洪泽湖迅速蔓延。2006 年,《洪泽湖保护规划》出台,划定了洪泽湖蓄水保护范围,面积为 1 780 km²,明确要求该范围内堤圩、埂圩应全部清退,网围养殖应根据江苏省渔业养殖规划进行布置。

洪泽湖的水域面积因泥沙淤积和历年来的围垦,呈缩小趋势。1954 年治淮委员会编制的《洪泽湖蓄洪蓄水规划查勘报告》中界定的洪泽湖水域,由湖区、龟山以西淮河干流水域及女山湖三部分组成,其中湖区水域面积占 83%。为安置湖区移民和沿湖地区群众的生产生活,1954 年实施"蓄洪垦殖"工程,在西起溧河东岸,东至张福河,沿高程 12.5 m 地面建防洪堤或挡浪堤,连同 1953 年已建的洪泽湖农场圩和三河农场圩,共建圩 21 处,保护面积 333.5 km²。淮河干流在浮山以下两岸的堤防,从 20 世纪 50 年代初开始建设,到 60 年代相继建成,标准不断提高,冯公滩、大莲湖、仙墩湖等滩地水域相继因筑堤封闭而垦殖,女山湖、陆湖等则建闸封闭,与淮河分离,不参与洪泽湖正常蓄水。此后,随着湖区经济和生产的发展,水域仍在不断缩小。据 20 世纪 90 年代遥感调查和实测,当蒋坝水位 12.50 m 时,洪泽湖的水域面积 1 555 km²,比 50 年代初测算的 2 069 km² 减少了 514 km²;据 1995 年实测资料统计,洪泽湖 60 年代以来的滩面高程 12.5 m 以下的围湖养殖面积共 207.3 km²。

自 20 世纪 80 年代后期以来,养蟹热造成大量的天然湿地被围垦,2008 年洪泽湖围网养殖面积已经扩展到约 253 km²,占全湖总面积的 13.0%。

据调查资料统计,洪泽湖西部和北部岗洼相间的缓坡状地形,非常适宜大面积围网养殖。而且受渔业市场环境的驱使,每亩围网养殖的平均收益可达到 5 000 元左右甚至更高。优越的地理环境加上较高的经济收益使得洪泽湖围网养殖迅猛发展。从围网养殖区遥感解译结果可以看出,洪泽湖湿地西岸、北岸成子湖和南岸淮河与洪泽湖形成的河湖交汇区等大部分都被围网养殖区覆盖,围网养殖区的面积也从 2002 年的 336.64 km² 扩张至 2017 年的 408.64 km²,增长速率达 21.38%。详见表 2-3。

表 2-3　洪泽湖现状圈圩分布一览表　　　　　　　单位:km²

涉及县(区)	堤圩	埝圩	小计
泗洪县	34.04	116.26	150.30
宿城区	7.28	9.17	16.45
泗阳县	5.65	23.55	29.20
淮阴区	1.00	4.70	5.70
洪泽区	14.89	62.25	77.14
盱眙县	13.93	54.43	68.36
总计	76.80	270.36	347.16

注:数据引自 2019 年《江苏省洪泽湖退圩还湖规划》。

根据 2015 年的测量资料,洪泽湖湖区蓄水范围线内圈圩面积约 347.16 km²,其中堤圩 76.80 km²、埝圩 270.36 km²,湖区自由水面面积为 1 432.84 km²,自由水面率约 80.5%;现状圈圩内地面高程约 11.3~13.5 m,圩埝顶高程 14.0~16.0 m。洪泽湖湖区蓄水范围线内圈圩中,包含了《洪泽湖保护规划》中规划还湖的 48 个圩区共计面积 76.8 km²,该 48 个圩区由于历史原因及沿湖经济发展的需要,现状开发程度较高,大多已形成封闭堤圈,部分圩区内部已建成行政村,内部设施齐全;其余 270.36 km² 圈圩基本属于埝圩养殖,含有少量种植,该范围内人员及设施较少,大多为渔民及渔业生产配套设施。详见图 2-10。

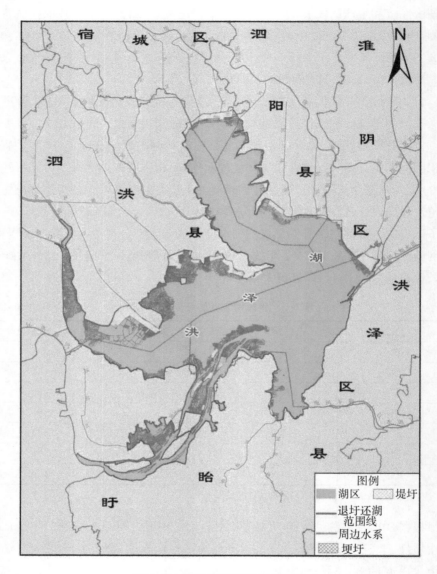

图 2-10 洪泽湖现状圈圩分布图

　　圈圩养殖规模的迅速增加,严重影响了洪泽湖的调蓄安全。高密度鱼类放养和饲料的投放,使原本水质较好、水生植被种类丰富、生物量较高的水域中的水生植被迅速消失。养殖的需要使围网附近的水生植被也遭到毁灭性的破坏,适口性不佳的植物或鱼类取食后残留的根茎在水体中腐烂分解,造成水质进一步恶化。养殖规模的不断扩大,使水上生活的渔民数量开始增加,由此产生的生活污水也对水生植被的生存环境形成一定的潜在威胁。鉴于此,江苏省水利厅开展"洪泽湖清障"行动,对新增的违法圈圩进行清除,严厉打击了洪泽湖水域的违法圈圩占用。洪泽湖管委会成立后,加大了对湖区圈圩打击、清除力度,同时地方相关部门根据上级要求,立足生态保护的需要,开展"退圩(田)还湖""退渔还湿"等工作,使圈圩势头得到有效遏制。

2.10 管理体系

根据《江苏省湖泊保护条例》规定,洪泽湖为省级湖泊,省水利厅为洪泽湖的主管机关。洪泽湖实行统一管理与分级管理相结合的管理体制,2008 年,根据省机构编制委员会办公室《关于江苏省三河闸管理处更名等问题的批复》(苏编办复〔2008〕29 号)精神和省水利厅《关于同意增加工作职责等问题的批复》(苏水人〔2008〕11 号),江苏省三河闸管理处更名为江苏省洪泽湖水利工程管理处,受省水利厅委托,履行洪泽湖管理保护职能,淮安、宿迁两市及所属县区均成立洪泽湖管理保护机构。

2009 年 6 月,经省人民政府同意,江苏省洪泽湖管理与保护联席会议制度成立。

2015 年 9 月,省政府批复同意成立江苏省洪泽湖管理委员会(苏政复〔2015〕95 号)(以下简称管委会)。管委会下设办公室,承担日常工作。2015 年 10 月,省机构编制委员会办公室批复在省洪泽湖水利工程管理处增挂省洪泽湖管理委员会办公室牌子,承担省洪泽湖管理委员会的日常工作。

2019 年 4 月,经省政府同意,对江苏省洪泽湖管理委员会进行调整,管委会下设办公室,办公室设在省水利厅。

2.10.1 江苏省洪泽湖管理委员会

2019 年 4 月,为推动洪泽湖生态环境保护省委专项巡视问题整改落实,切实加强洪泽湖管理和保护,经省政府同意,对江苏省洪泽湖管理委员会进行调整,进一步明确洪泽湖管理和保护牵头部门和相关部门的责任。管委会主任由分管水利的副省长担任,副主任由省政府分管自然资源、水利的副秘书长和省水利厅厅长担任。

办公室主任由省水利厅厅长担任,常务副主任由省水利厅副厅长担任,副主任由省水利厅副巡视员担任。管委会成员由省发展改革委、公安厅、财政厅、自然资源厅、生态环境厅、交通运输厅、住房城乡建设厅、水利厅、农业农村厅、文化和旅游厅、林业局以及淮安、宿迁两市人民政府分管负责同志担任。管委会办公室设七个工作组:综合计划组、政策法规组、规划管控组、生态环境组、水利安全组、退养还湖组、执法监督组。各组组长由省有关部门和单位分管负责同志担任(图2-11)。

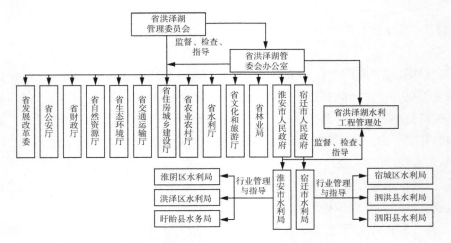

图2-11 洪泽湖湖泊管理机构组织体系图

2.10.2 市县组织管理机构

2008年10月9日,根据淮安市编办《关于市入江水道管理处增挂市洪泽湖高邮湖湖泊管理处牌子的批复》(淮编办发〔2008〕61号),淮安市水利局在淮安市入江水道管理处增挂市洪泽湖高邮湖湖泊管理处牌子,增加湖泊管理与保护职能,为全额拨款正科级事业单位,核定编制11人。2015年4月,淮安市水利局根据淮安市编办《关于在市入江水道管理处挂市湖泊管理处牌子的批复》(淮编办发〔2014〕4号)精神,在市城市水利工程管理处挂牌的"淮安市白马湖宝应湖及里下河湖泊管理处"、在市入江水道管理处挂牌的"淮安市洪泽湖高邮湖管理处"合并设立"淮安市湖泊管理处",在市入江水道管理处挂牌,与市入江水道管理处合署办公,实行一个机构、两块牌子,统一负责洪泽湖、高邮湖、白马湖、宝应湖及里下河等湖泊管理与保护工作,编制9人。2019年3月份,淮安市湖泊管理处更名为"淮安市湖泊管理所"。

2001年2月28日,经淮阴区编委批准,淮阴区水利局撤销原洪泽湖堤防管理所、中运河堤防管理所、废黄河盐河堤防管理所、淮沭河管理所,成立淮阴区河湖管理处,为股级全民事业单位,财政差额拨款,核定编制81人。2007年10月30日,根据淮安市编办《关于明确淮阴区河湖管理处等单位性质及经费渠道的批复》(淮编办发〔2007〕18号),淮阴区河湖管理处被定性为公益性事业单位,经费纳入区级财政预算,为全额拨款正股级事业单位,核定编制70人。2013年4月12日,根据淮阴区编委《关于重新核定淮阴区水利局直属事业单位编制的通知》(淮编〔2013〕8号),核定编制61人,单位性质及经费渠道不变。2016年7月5日,淮阴区水利局根据区编委《关于成立区水利工程质量安全监督站的批复》(淮编〔2016〕17号),核定编制49人,单位性质及经费渠道不变。

2000年11月16日,根据洪泽区机构编制委员会《关于调整水利局下属堤防管理所设置的批复》(洪编复〔2000〕8号),洪泽区水利局撤销原洪泽湖大堤管理所、苏北灌溉总渠管理所、入江水道管理所,成立洪泽区河湖管理处,为股级全民事业单位,经费自收自支,核定编制39名。2007年8月5日,根据洪泽区机构编制委员会《关于明确县河湖管理处等单位性质及经费渠道的批复》(洪编复〔2007〕13号),明确洪泽区河湖管理处为纯公益性水管单位,经费纳入区财政,为正股级事业单位,核定编制39名。2016年6月16日,洪泽区机构编制委员会以《关于核定县防汛防旱指挥部办公室事业编制的批复》,核定编制数为33人。洪泽区河湖管理处职能为担负洪泽区内总长为71.29 km洪泽湖大堤、淮河入江水道、苏北灌溉总渠三条国家流域性堤防以及760 km² 洪泽湖、39 km² 白马湖的日常运行管理、河道堤防维护、水资源管理和开发利用、规费征收、防洪保安及法律法规赋予的其他工作。2020年,洪泽区河湖管理处更名为洪泽区河湖管理所。

2005年5月14日,根据盱眙县编委《关于成立盱眙县河湖堤防管理处的通知》(盱编委〔2005〕5号),盱眙县水务局成立盱眙县河湖堤防管理处。管理处为股级事业单位,经费来源为财政预算,核定编制22人,职能为做好供排水工程调度运行和正常巡查工作,协助相关部门做好涉水案件查处工作,保护湖泊生态环境,河道堤防维护、水资源管理和开发利用、规费征收、防洪保安及法律法规赋予的其他工作。2020年,盱眙县河湖堤防管理处已更名为盱眙县堤防管理服务中心。

2010年10月11日,根据泗阳县编委《关于同意县水利物资储运站更名的批复》(泗编发〔2010〕19号),泗阳县水利局将泗阳县水利物资储运站更名为泗阳县洪泽湖管理所,职能调整为维护洪泽湖大堤及其防洪设施安全,做好供排水调度运行和洪泽湖管理范围日常巡查工作,协助相关部门做好涉水案件查处工作,保护湖泊生态环境。洪泽湖管理所属股级自收自支事业单位,核定编制45人,在职16人。

2011年1月30日,根据宿城区编委《关于宿城区运南灌区管理所更名的批复》(宿区编〔2011〕3号),宿城区水务局将宿城区运南灌区管理所更名为宿城区运南水务管理处,新增湖泊管理与保护职能,变更后仍为差额拨款正股级事业单位,经费渠道为财政拨款,核定编制24人。2012年8月6日,根据泗洪县编委《关于县濉汴河管理所增挂泗洪县洪泽湖管理所牌子的批复》(洪编〔2012〕20号),泗洪县水务局将泗洪县濉汴河管理所增挂泗洪县洪泽湖管理所牌子,新增湖泊管理与保护职能,变更后仍为自收自支事业单位,核定编制28人。

2.11　相关规划

2.11.1　《洪泽湖保护规划》

为持续加强洪泽湖保护,规范湖泊开发利用活动,提升湖泊水安全保障水平,维护湖泊健康生命,建设美丽清纯洪泽湖,服务经济社会高质量发展,贯彻落实《江苏省湖泊保护条例》要求,省水利厅对2006年批复的《洪泽湖保护规划》进行修编,2022年获省政府批复。规划基准年为2020年,规划近期水平年为2025年,远期水平年为2035年。

规划统筹洪泽湖防洪、供水及生态等主要功能保护需求,确定了湖泊保护管理的目标指标与主要对策措施,划分了湖泊水域和岸线空间及功能分区,明确了湖泊保护和管理的总体要求,是今后一段时期湖泊保护、利用、管理的重要依据。

规划明确洪泽湖的主要功能为防洪、供水、生态,并有航运、水文化和渔业等功能。洪泽湖保护围绕水安全有效保障、水资源永续利用、水环境整洁优美、水生态系统健康、水文化传承弘扬的总体目标,建立与经济社会高质量发展相适应的规范、科学、高效的湖泊保护和管理体系,有效提升洪泽湖防洪、供水、生态等公益性功能,发挥湖泊综合效益,建成美丽清纯洪泽湖。

规划推进退圩还湖,2025年恢复湖泊自由水面100 km² 以上,实现湖泊调蓄库容与自由水面稳中有增,水生态系统功能有所增强,湖泊管理保护水平明显提升。到2035年,水域岸线功能区达标率80%,恢复自由水面318 km²,建成规范有序、综合协调、智慧高效的湖泊保护体系,促使湖泊功能得到较好保护,湖泊空间得到全面管控,生态系统有效修复,资源利用集约节约,文化建设繁荣创新,管理体系智能协同,综合效益充分发挥,大美洪泽湖全面呈现。

2.11.2 《江苏省洪泽湖退圩还湖规划》

2019 年,《江苏省洪泽湖退圩还湖规划》获江苏省政府批复。规划以省政府批复的《洪泽湖保护规划》为依据,按照洪泽湖的功能需求,在全面调查现状圈圩的基础上,明确了洪泽湖退圩还湖布局方案,提出了迎湖堤防加固、生态修复与功能提升的思路,分析了退圩还湖的综合效益,研究了规划实施的政策建议。规划基准年 2017 年,近期水平年 2025 年,远期水平年 2030 年。

规划主要研究洪泽湖蓄水范围内的圈圩清退,迎湖堤防达标建设,水生态、水环境保护等。

（1）规划总体目标

通过洪泽湖退圩还湖、结合生态修复,湖泊调蓄能力有效恢复、迎湖挡洪堤防逐步提标、水生态环境明显改善,河湖综合功能全面提升,努力实现洪泽湖水域和岸线的空间完整、功能完好和生态健康。

具体目标:

① 清退圈圩 317.92 km²,其中,堤圩 58.85 km²、埂圩 259.07 km²。恢复自由水面 317.92 km²。

② 结合洪泽湖周边滞洪区建设工程,加固加高迎湖挡洪堤 297.7 km,塑造生态岸滩 125.7 km。

③ 弃土综合利用,聚泥成岛面积共计 11.29 km²。

（2）清退范围

规划依据 2006 年《洪泽湖保护规划》提出的 1995 年之前成圩的 48 个圩区单独处理,分为一类;1995 年之后成圩的分为一类进行处理。根据上述分类及调查,1995 年之前成圩的 48 个圩区圈圩程度高,圩内设施复杂,圩堤建设标准高,本规划定义为堤圩;1995 年之后成圩的圈圩程度低,圩内实施简单,圩埂建设标准低,定义为埂圩。

① 堤圩(48 个)清退布置

洪泽湖退圩还湖规划难以清退区共计 16.34 km²（含泗阳已批复 1.65 km²）,堤线调整涉及湖区面积共计 1.61 km²,合计 17.95 km²。除了上述涉及难以清退区及堤线调整的堤圩,剩余 33 个堤圩,根据现场调查,圩内设施单一,以渔业养殖为主,无常住居民,规划作出退圩还湖处理。

② 埂圩清退布置

根据规划,洪泽区老子山片埂圩主要集中在淮河入湖口滩面上,从事渔业生产人员众多,且大多生活在湖区,建有行政村 11 处,该处进行单独分析;其他埂圩现状圈圩程度低,外围圩埂标准不高,圩内以渔业养殖为主,设施单一,无常住居民,分析全部清退。规划拟对埂圩进行分片处理。

(3)清退标准

退圩还湖规划的违章圈圩清退工程包括洪泽湖蓄水范围内的违章堤圩和埂圩的圈圩土方清退。根据实测地形资料分析,现状圈圩内的鱼塘、滩地的底高程范围为 11.3～13.5 m,设计圈圩圩埂清退标准原则上清退至现状滩面、塘底高程,从实测地形及考虑湖区生态修复的需要,拟分深水区、浅水区、堤前生态修复区进行布置。

清退标准:堤前生态修复区清退后圩埂底高程 13.0～13.5 m;浅水区清退后圩埂底高程 12.5～13.0 m;深水区清退后圩埂底高程 12.0 m。

规划实施完成后,将恢复湖泊自由水域面积 317.92 km^2,具有明显防洪、水资源和生态效益,对维护洪泽湖生态健康,提升洪泽湖综合功能,促进区域生态经济发展,具有重要意义。

3 洪泽湖湖滨带生境类型分类

为探究退圩还湖区生态系统演变特征、分析退圩还湖区环境变化趋势、针对不同类型湖滨带进行修复，在确定洪泽湖湖滨带范围的基础上，对洪泽湖水域空间进行遥感解译，分析湖滨带变化特征，开展湖滨带类型划分，为退圩还湖区湖滨带空间重构与生态修复提供基础。

3.1 洪泽湖湖滨带范围确定

根据湖滨带的概念，结合洪泽湖实际情况，以《洪泽湖保护规划》中划定的洪泽湖蓄水保护范围线为基线，并分析 1972—2020 年洪泽湖丰枯水位变幅及对应的消落带确定湖滨带范围。消落带范围依据无云条件下的 Landsat 1 - 5 MSS、Landsat 7 TM/ETM＋和 Landsat 8 Operational Land Imager（OLI）遥感影像划定，数据来自美国地质勘探局（USGS）几何系统纠正、大气辐射纠正的系统级纠正（Systematic Geocorrection）级别产品。Landsat 系列遥感影像时间跨度为 1972 年 7 月至今，时间分辨率为 16～18 天，空间分辨率为 30 m。根据遥感影像分析，洪泽湖高水位和低水位淹没边界消落带宽度基本为 0～3 km，其中大部分消落带在 1 km 以内（图 3-1、图 3-2），因此确定洪泽湖湖滨带基准宽度为 1 km。对圈圩、围网超过 1 km 的，以其实际边界范围为准（图 3-3）。根据上述方法，确定洪泽湖湖滨带面积为 654.53 km²。

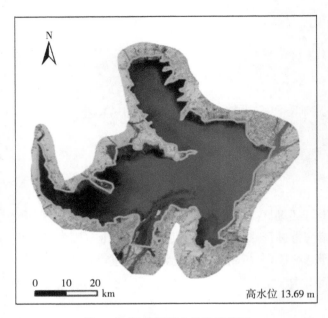

图 3-1　洪泽湖高水位淹没范围

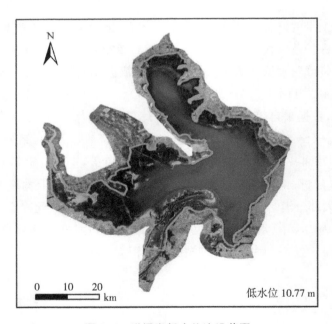

图 3-2　洪泽湖低水位淹没范围

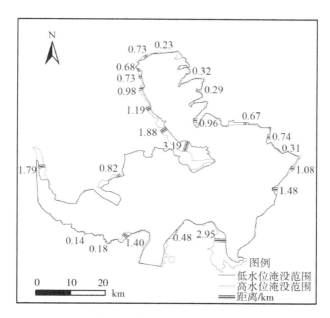

图 3-3　洪泽湖淹没边界距离

3.2　洪泽湖湖滨带空间演变特征

3.2.1　研究范围与方法

研究范围为洪泽湖蓄水保护范围内,淮河大桥以下区域。以研究区 1984 年、1990 年、1995 年、2000 年、2005 年、2010 年、2012 年、2014 年、2016 年、2018 年、2020 年 Landsat ETM 和 OLI 遥感影像为基础,进行解译获取洪泽湖蓄水范围内水域利用类型数据,影像来源于地理空间数据云和 USGS 网站。基于水位数据和影像云量综合选取合适的遥感影像,控制影像水位为 13 m,误差不超过0.5 m。

3.2.2　洪泽湖湖滨带空间演变特征

圈圩就是在湖中挖泥筑堤形成一个封闭圈。20 世纪 50 年代,人们把废沟塘进行整理,投放鱼苗,不定期投喂饲料,收益不高也不稳定。20 世纪 80年代,以"水下坝,水上网"为特点的围网养殖模式在洪泽湖试点推广。20 世纪90年代,围网养殖的经济效益日渐明显,在地方政府和渔业部门的帮助支持下,围网养殖面积逐年增大。养殖过程中,养殖户为保水、防风浪、防污水,逐年加高加宽水下坝,使得水下坝露出湖面逐渐形成封闭的养殖塘口,形成圈圩。

遥感解译结果显示(图3-4至图3-6),1984年至1990年,圈圩面积基本维持在80 km²,圈圩区域基本不变,以溧河洼南北岸、泗洪县龙集镇、成子湖北部、淮沭河入湖口为主要分布区,盱眙县沿湖地区也有零星分布。

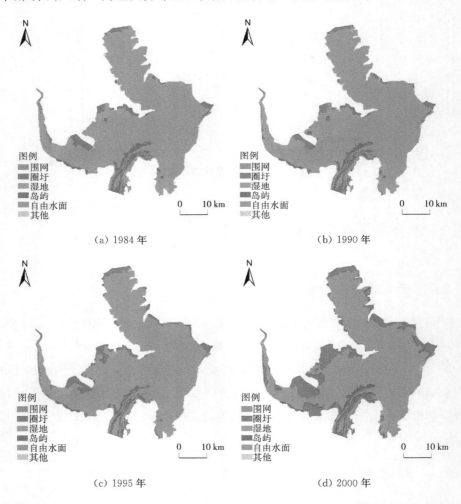

(a) 1984 年   (b) 1990 年

(c) 1995 年   (d) 2000 年

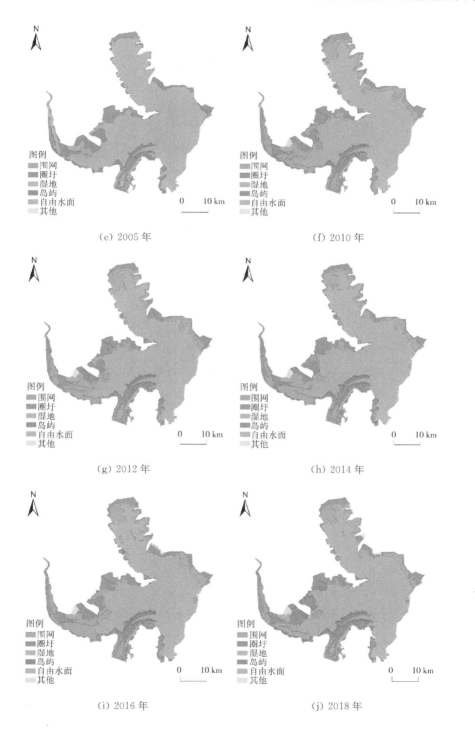

（e）2005 年

（f）2010 年

（g）2012 年

（h）2014 年

（i）2016 年

（j）2018 年

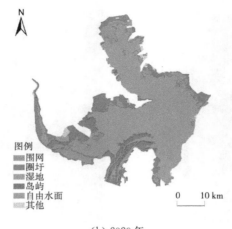

图例
██ 围网
██ 圈圩
██ 湿地
██ 岛屿
██ 自由水面
██ 其他

0　10 km

（k）2020 年

图 3-4　洪泽湖湖滨带开发利用演变特征

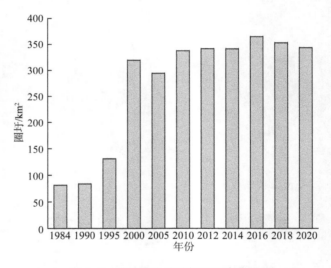

图 3-5　洪泽湖水域圈圩面积变化图

而 1995 年到 2000 年,圈圩总面积达 319.7 km^2。其主要驱动因素是经济效益,湖泊围占形式从过去的农业种植为主,发展到精细特种养殖,圈圩养殖在洪泽湖迅速蔓延,泗洪县、泗阳县、淮阴区、洪泽区、盱眙县沿湖区域均在原有圈圩基础上向湖区内部进一步扩张,其中以溧河洼南北岸扩张最为明显,扩张面积约为 48.93 km^2,进一步侵占湖泊水域,影响湖泊生态功能的正常发挥。至 2000 年,洪泽湖圈圩格局基本形成,面积超过 300 km^2。

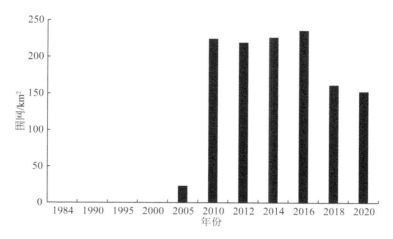

图 3-6　洪泽湖水域围网面积变化图

2006 年《洪泽湖保护规划》出台后,划定了洪泽湖蓄水保护范围,面积为 1 780 km², 明确该范围内堤圩、埝圩应全部清退。但随着工业化、城镇化的加快推进,湖区非法圈圩侵占湖泊水域、滩地行为愈演愈烈。2005 年湖区圈圩面积略有下降,但到 2010 年,圈圩面积次增长,达 337.24 km², 主要扩张区域是泗阳县、淮阴区沿湖地区新开发圈圩。

2012 年 9 月,江苏省防汛防旱指挥部(今江苏省防汛抗旱指挥部)向沿湖县(区)人民政府下发《关于加强洪泽湖非法圈圩非法养殖清除执法工作的通知》。2013 年 1 月,省洪泽湖管理与保护联席会议召开,专题部署洪泽湖清障工作,要求沿湖地方人民政府切实负起清障主体责任,坚决完成对洪泽湖的各类非法圈圩清除整顿任务。2012 年底和 2014 年底,江苏省防汛防旱指挥部两次向沿湖六县(区)下达关于清除非法圈圩养殖的通知,并发布《关于全面清除洪泽湖 2013—2014 年非法圈圩的通知》。2010 年到 2014 年期间,解译结果显示,圈圩区域和围圩面积变化较小。

2016 年圈圩面积出现小幅增长,至 2018 年圈圩面积略有减少,减少较为明显的区域有溧河洼北岸、淮阴区沿湖区域,退圩还湖效果最为明显。2020 年圈圩面积持续减少,以溧河洼、成子湖北部减少较为明显。

遥感解译结果显示,洪泽湖大面积围网养殖首先出现在 2005 年,面积为 22.87 km², 主要分布在湖区西部泗洪县沿湖地区,宿城区、泗阳县沿湖地区也有零星分布。2005 年到 2010 年,洪泽湖围网养殖急剧扩张,增长率为 881%,总面积达 224.26 km², 呈现爆炸式的增长,主要扩张方式是在原有圈圩的基础上向湖区内部继续深入,侵占水面。

从空间分布上看,2005年仅在泗洪洪泽湖湿地国家级自然保护区右侧有较大规模围网存在,而到2010年,围网养殖几乎占据了超1/3的沿湖区域,并且出现了若干个大规模围网养殖区,以溧河洼、成子湖北部、泗阳县、淮阴区扩张最为明显,其中成子湖北部形成了大规模围网养殖区,面积约为32.75 km^2。

2010年至2016年,围网养殖扩张势头暂缓,呈缓慢增长趋势,扩张方式主要是盱眙县沿湖地区围网大规模养殖以及北部湖区内部的中小规模养殖。也有部分湖区围网养殖呈现为减少趋势,其中以泗阳县围网拆除效果最为明显。

长期大面积围网养殖在带来可观的经济效益的同时,导致湖泊生态承载能力不堪重负,各种生态问题也随之而来。湿地生态功能退化,围网养殖的大量螃蟹等破坏水底植物群落结构,投放饵料的过剩导致湖泊富营养化,生态系统服务功能受到严重影响甚至丧失。2016年,《洪泽湖网围核查专项工作方案》出台,各县区纷纷开始组织水域围网养殖拆除工作。2016年至2018年,围网养殖面积减少113.92 km^2,有效遏制了湖区围网养殖的无序扩张。遥感监测结果显示,溧河洼、淮阴区、老子山镇围网拆除效果最为明显,而成子湖北部大规模围网养殖区则变化较小。2020年围网面积略有增加,主要是溧河洼北部部分圈圩养殖区转变为围网养殖区,淮阴区扩展了部分小规模的分散围网,其余区域围网基本保持不变。洪泽湖蓄水范围内有大量圈圩和围网,2020年自由水面面积为1 332.2 km^2,自由水面率为74.8%。

根据1984—2020年洪泽湖水域圈圩面积情况(见图3-5),1995年至2000年,受经济因素影响,洪泽湖圈圩面积迅速扩大,且近20年来非法圈圩现象始终存在,圈圩面积仍处在较高比例。在2005年至2010年,洪泽湖围网面积则急剧增长,严重影响湖泊生态功能。近年来,围网拆除工作逐步推进,并取得有效进展,围网面积得到控制,湖泊生态系统得以恢复。2020年洪泽湖自由水面面积为1 332.2 km^2,自由水面率为74.8%。

3.3 洪泽湖湖滨带类型划分

3.3.1 湖滨带划分方法

根据相关湖滨带研究文献,参考国内主要湖泊湖滨带分类方式,其中太湖湖滨带分为大堤型、山坡型、河口型三大类,并根据水文情况依据露出滩地频率进行二级划分(叶春等,2012);洱海湖滨带依据坡度大小进行一级划分,区分为陡坡湖滨带与缓坡湖滨带,随后根据湖滨带生境现状、土地利用方式进一步划分为农田滩地、湖湾、村镇、鱼塘、公路等类型(尹延震等,2011)。

参考国内相关研究,遵循客观性、可行性、整体性原则,根据洪泽湖湖滨带自然地理、土地利用特征,主要依据洪泽湖湖滨带生境条件、现状土地利用类型对其进行划分,分为围网型、圈圩型、河口型、大堤型、光滩型等类型(表3-1)。

表 3-1　湖滨带类型及划分依据

湖滨带类型	划分依据
围网型	湖滨带范围内围网面积占到 80% 及以上的斑块
圈圩型	湖滨带范围内圈圩面积占到 80% 及以上的斑块
村落型	湖滨带范围内人类村镇聚居的范围划定斑块
林地型	湖滨带范围内林地面积占到 60% 及以上的斑块
水生植被型	湖滨带范围内无明显人类开发痕迹,且水生植被覆盖面积达到 50% 以上的斑块
河口型	河流入湖、出湖口附近,且呈现出明显的河流冲刷形态的斑块
码头型	人工建设的码头范围划定斑块
耕地型	湖滨带范围内耕地面积占到 60% 及以上的斑块
湿地公园	国家、地方设立的自然保护区区域
光滩型	湖滨带范围内无明显人类开发痕迹,且水生植被覆盖面积在 50% 以下的斑块
大堤型	人工建造的硬质堤岸

3.3.2　湖滨带生境类型划分结果

根据遥感影像解译结果,洪泽湖湖滨带斑块数量为 484,共 654.53 km²,从湖滨带类型统计结果来看(图 3-7 至图 3-9),圈圩型数量最多,且占地面积最大。圈圩型湖滨带斑块数量为 174,面积为 328.22 km²,约占湖滨带总面积的 50.1%。其次是围网型,斑块数量为 115,面积为 184.93 km²,占湖滨带总面积的 28.3%。光滩型、水生植被型、河口型、大堤型、码头型、湿地公园型湖滨带面积分别为 37.97 km²、36.29 km²、25.09 km²、22.18 km²、8.37 km²、6.44 km²,分别占湖滨带总面积的 5.8%、5.5%、3.8%、3.4%、1.3%、1.0%。其他湖滨带类型,例如村落型、林地型、耕地型占比较少,均不足 1%(表3-2)。

表 3-2　湖滨带类型划分结果

湖滨带类型	斑块数量(个)	面积(km²)	面积占比
围网型	115	184.92	28.3%
圈圩型	174	328.23	50.2%
村落型	1	0.13	<0.1%
林地型	1	0.03	<0.1%
水生植被型	46	36.29	5.5%
河口型	63	25.09	3.8%
码头型	43	8.37	1.3%
耕地型	7	4.89	0.7%
湿地公园	3	6.44	1.0%
光滩型	24	37.97	5.8%
大堤型	7	22.18	3.4%
总计	484	654.53	100%

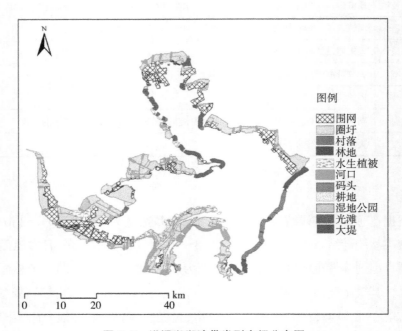

图 3-7　洪泽湖湖滨带类型空间分布图

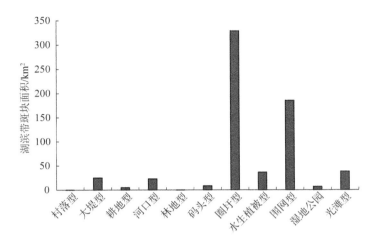

图 3-8　洪泽湖湖滨带类型面积统计

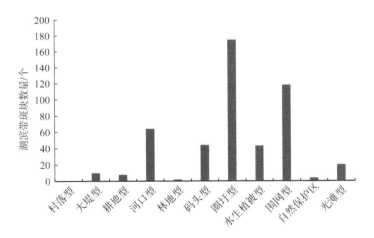

图 3-9　洪泽湖湖滨带类型斑块数量统计

4 洪泽湖湖滨带生境质量调查与评价

4.1 调查范围与方法

综合考虑水文条件、自然环境及人为活动因素,在全湖湖滨带区域均匀布设点位,于 2020 年 8 月对洪泽湖湖滨带共 56 个点位开展水质、沉积物和水生态系统调查(图 4-1),同时在其他季节开展补充调查。

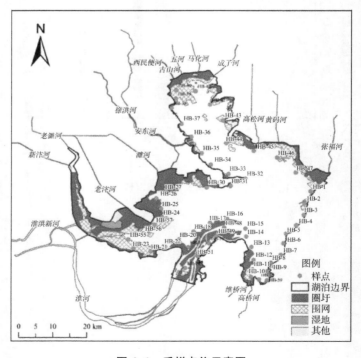

图 4-1　采样点位示意图

透明度(SD)现场使用塞氏盘测定;部分水质参数使用 YSI-6600 多参数水质监测仪现场测定;使用 2.5 L 玻璃采水器采集表、中、底层水样混合后收集1 L 水样冷冻保存,带回实验室分析其他理化指标。

表层沉积物使用 1/20 m² 改良彼得森采泥器采集,泥厚 10 cm,冷冻保存后带回实验室分析。

大型底栖动物使用 1/20 m² 改良彼得森采泥器,每个点位采集 3 次后使用60 目尼龙筛洗净泥样,在白瓷盘中挑出,用 7% 福尔马林溶液保存固定,绝大部分物种鉴定到种,少数种类鉴定至属或更高的分类单元。

浮游植物的采样是在每个采样点使用 5 L 采水器采集分层混合水样 1 L,现场加入鲁哥试剂固定。带回实验室将浮游植物样品在稳定试验台上静置48 h,用虹吸管转移出上清液并定容到 30 mL,混合均匀后取 0.1 mL 样品,通过光学显微镜进行种类鉴定并计数。

浮游动物采样是在每个采样点使用 5 L 采水器采集分层混合水样 30 L,使用 25 号浮游生物网过滤浓缩储存,并往容器中加入 7% 甲醛固定。带回实验室后定容到 30 mL,充分摇匀,随后用移液器吸取 1 mL 置于计数板内,使用光学显微镜进行种类鉴定并计数。

水生植被覆盖率现场测定。调查采用人工现场样方调查方法,定量工具一般用带网铁夹。铁夹由可开合的钢筋组成长方形框架,面积一般为 0.4 m×0.5 m。定性采样常借助采样船拖拽采样耙收集大型水生植物。两个定量样点之间进行定性采样,借助采样船拖拽铁质采样耙收集大型水生植物,拖拽距离依据现场大型水生植物的丰度而定。

各项指标调查测定方法见表 4-1。

表 4-1 湖滨带生态系统调查指标测定方法

样品	指标	测定方法
水样	水深	Speedtech SM-5 测深仪
	透明度(SD)	塞氏盘
	水温	YSI-6600 多参数水质监测仪现场测定
	溶解氧	
	电导率	
	pH 值	
	氧化还原点位	
	浊度(NTU)	

续表

样品	指标	测定方法
水样	化学需氧量(COD)	高锰酸钾滴定法
	总氮(TN)	碱性过硫酸钾消解紫外分光光度法
	总溶解性氮(TDN)	
	总磷(TP)	钼酸铵分光光度法
	总溶解性磷(TDP)	纳氏试剂分光光度法
	氨氮	过滤称重法
	悬浮颗粒物(SS)	分光光度法
	叶绿素 a(Chl-a)	
沉积物	含水率	烘干法
	总氮(TN)	碱性过硫酸钾消解紫外分光光度法
	总磷(TP)	钼酸铵分光光度法
	总有机质(OM)	马弗炉烧失法
水生植物	覆盖度、生物量、优势种	现场调查与分析
浮游植物	种类、密度、生物量	野外采样、实验室分析
浮游动物	种类、密度、生物量	野外采样、实验室分析
底栖动物	种类组成、密度、生物量	野外采样、实验室分析

4.2 湖滨带水质和沉积物理化特征

（1）透明度

本次调查中全湖水向湖滨带平均透明度为 36 cm，变化范围为 18～110 cm。而不同湖区湖滨带差异显著。其中成子湖湖滨带平均透明度达到 51 cm，显著高于其他区域；溧河洼区域平均透明度为 39 cm；东部大堤及过水通道区域透明度较低，分别为 23 cm、25 cm，这可能与较强的水动力干扰引起的悬浮颗粒物浓度升高有关。详见图 4-2。

（2）悬浮颗粒物

湖滨带悬浮颗粒物平均浓度为 50.14 mg/L，介于 10.77 mg/L 和 161.83 mg/L 之间。其中过水通道的浓度为 83.39 mg/L，显著高于其他湖区的平均水平，这与强烈的风浪扰动导致的底泥颗粒物再悬浮密切相关。详见图 4-3。

（3）高锰酸盐指数

洪泽湖湖滨带 COD_{Mn} 均值为 7.13 mg/L，最大值为 14.16 mg/L，最低值

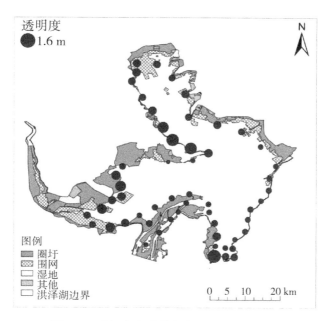

图 4-2　洪泽湖湖滨带水体透明度空间分布

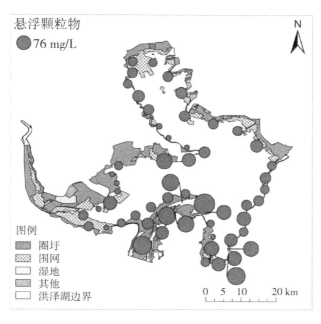

图 4-3　洪泽湖湖滨带水体悬浮颗粒物浓度空间分布

为 5.32 mg/L。湖滨带作为湖泊的天然保护屏障，物质交换强烈，受人类活动影响较大，因此其受污染程度显著高于湖心敞水区域。空间分布特征主要体现为成子湖区域浓度最高，达到 8.25 mg/L；溧河洼区域浓度次之，为 7.70 mg/L；东部大堤湖滨带浓度为 6.06 mg/L；过水通道浓度最低，为 5.88 mg/L。详见图4-4。

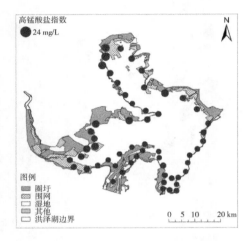 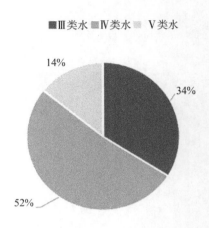

图 4-4　洪泽湖湖滨带水体高锰酸盐指数空间分布

根据《地表水环境质量标准》(GB 3838—2002)，其中 52% 的点位水质类别为Ⅳ类水质，所占比例最高，Ⅲ类水和Ⅴ类水点位则分别占了 34% 和 14%。

（4）营养盐

洪泽湖湖滨带总氮(TN)浓度范围为 0.66～4.25 mg/L，平均值为 1.88 mg/L；总溶解性氮(TDN)浓度范围为 0.47～3.42 mg/L，平均值为 1.46 mg/L。总磷(TP)浓度范围为 0.022～0.237 mg/L，平均值为 0.120 mg/L；总溶解性磷(TDP)浓度范围为 0.015～0.141 mg/L，平均值为 0.054 mg/L。详见图4-5。

在空间格局方面，成子湖湖滨带 TN 浓度较高，其他湖区 TN 浓度差异较小，而 TDN 浓度方面，成子湖区域与东部大堤湖滨带明显高于过水通道与溧河洼区。溧河洼与过水通道区域湖滨带 TP 浓度显著较高，TDP 浓度分布则无明显空间差异。

根据《地表水环境质量标准》，TN 指标 45% 的点位属于Ⅴ类水，36% 的点位属于劣Ⅴ类水，污染较为严重；TP 指标 90% 以上的点位属于Ⅳ类水和Ⅴ类水。详见图4-6。

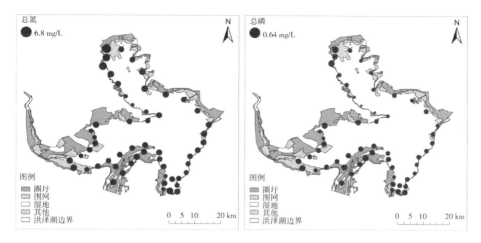

图 4-5　洪泽湖湖滨带水体总氮和总磷浓度空间分布

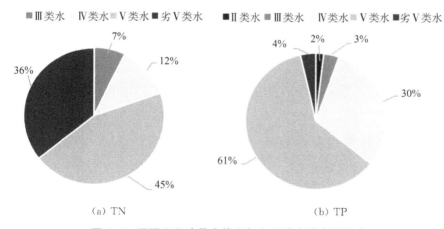

（a）TN　　　　　　　　　　　（b）TP

图 4-6　洪泽湖湖滨带水体总氮和总磷水质类别组成

（5）叶绿素 a

洪泽湖湖滨带叶绿素浓度均值为 47.69 μg/L，其中成子湖区域及溧河洼区域浓度显著较高，分别达到了 78.57 μg/L、57.48 μg/L，峰值几乎都集中在成子湖区域。夏季时期藻类增殖速度快，密度高，叶绿素 a 在成子湖及溧河洼区域浓度较高，在一定程度上反映了藻类密度以及水生植物盖度的分布。详见图 4-7。

（6）富营养化评价

应用湖泊富营养化评价综合模型计算各点的营养状态指数（TLI），其得分在 60 和 70 之间为中度富营养状态，计算公式为

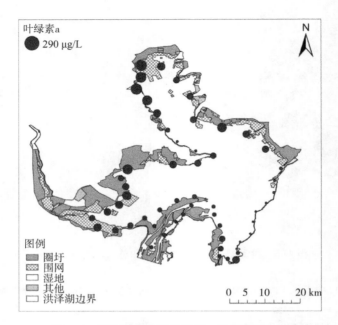

图 4-7　洪泽湖湖滨带叶绿素 a 浓度空间分布

$$TLI = 0.266\ 3 \times TLI\ (\text{Chl-a}) + 0.183\ 4 \times TLI\ (\text{SD}) + 0.187\ 9 \times$$
$$TLI\ (\text{TP}) + 0.179 \times TLI\ (\text{TN}) + 0.183\ 4 \times TLI\ (\text{COD}_{\text{Mn}})$$

其中，TLI（Chl-a）、TLI（SD）、TLI（TP）、TLI（TN）、TLI（COD_{Mn}）计算公式分别为：

$$TLI\ (\text{Chl-a}) = 10 \times (2.5 + 1.086\ln\text{Chl-a})$$
$$TLI\ (\text{SD}) = 10 \times (5.118 - 1.91\ln\text{SD})$$
$$TLI\ (\text{TP}) = 10 \times (9.436 + 1.624\ln\text{TP})$$
$$TLI\ (\text{TN}) = 10 \times (5.453 + 1.694\ln\text{TN})$$
$$TLI\ (\text{COD}_{\text{Mn}}) = 10 \times (0.109 + 2.66\ln\text{COD}_{\text{Mn}})$$

式中：Chl-a、SD、TP 单位分别为 μg/L、m、μg/L。

　　本次调查湖滨带点位 TLI 指数介于 52.8 和 73.3 之间，共有 2 个点位属于中营养水平，15 个点位处于轻度富营养水平，34 个点位处于中度富营养水平，还有 5 个点位处于重度富营养水平状态，其中成子湖北部区域富营养水平相对较高，而东部大堤区域富营养化程度则相对较低。详见图 4-8。

　　（7）沉积物

　　湖滨带沉积物 TN 含量介于 0.23 g/kg 和 2.15 g/kg 之间，均值为 0.98 g/kg；

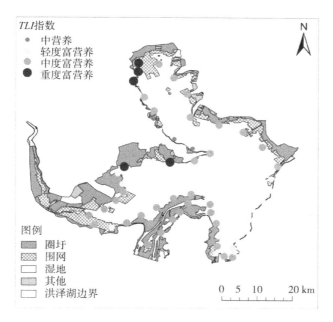

图 4-8 洪泽湖湖滨带 *TLI* 指数空间分布

TP 含量介于 0.12 g/kg 和 0.41 g/kg 之间,均值为 0.28 g/kg;总有机质含量介于 2.04 和 18.08 g/kg 之间,均值为 10.93 g/kg。通过沉积物综合污染指数法评定湖滨带沉积物的营养盐状态,其中 8 个点位属于清洁状态,29 个点位属于轻度污染状态,5 个点位属于中度污染状态,1 个点位属于重度污染状态。通过沉积物有机污染指数法(OI 指数法)评定湖滨带沉积物的有机物污染状态,19 个点位属于清洁状态,23 个点位属于轻度污染状态,1 个点位属于中度污染状态。

从空间分布上来看,沉积物营养盐含量在东部区域及溧河洼西部、成子湖西北部较高,而沉积物有机污染同样是东部区域及溧河洼西部较为严重,这可能是由于沉积物污染状况受风浪扰动导致底泥再悬浮的影响较大。

洪泽湖湖滨带东部沿岸及过水通道区域透明度较低、悬浮颗粒物浓度较高,这主要是较强的水动力扰动导致的;高锰酸盐指数分布较为平均,峰值集中在成子湖北部区域,主要以Ⅳ类水质为主;TN 浓度则同样是成子湖北部区域较高,以Ⅴ类、劣Ⅴ类水为主,是湖滨带的主要污染物质;TP 的高值主要集中在过水通道区域,可能是受入湖水质影响较大,全湖指标以Ⅳ类水和Ⅴ类水为主;叶绿素 a 浓度峰值主要集中在成子湖区域,部分点位夏季出现蓝藻水华暴发的现象；TLI 指数显示成子湖区域富营养化相对严重，主要是由于水流较慢、高浓度营养盐导致藻类快速增殖；沉积物污染则呈现出东部湖滨带及溧河洼西部区域较为严重趋势。详见图 4-9。

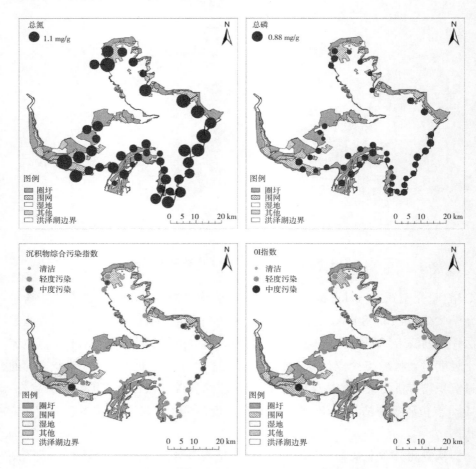

图 4-9　洪泽湖湖滨带沉积物污染状态空间分布

4.3　入湖河流水质

4.3.1　主要入湖河流水质

　　洪泽湖承泄淮河上中游 15.8 万 km² 的来水，入湖河流主要在湖西侧，主要有淮河、怀洪新河、池河、新汴河、老汴河、新（老）濉河、徐洪河、安东河、民便河、朱成洼河和团结河等，在湖北侧和南侧主要有古山河、五河、肖河、马化河、高松河、黄码河、淮泗河、赵公河、张福河、维桥河、高桥河等，其中淮河入湖水量占总入湖水量的 70％以上。针对洪泽湖主要 27 条入湖河流，开展水环境质量监测（图 4-10），监测项目主要有水温、pH 值、溶解氧、高锰酸盐指数、化学需氧量、五日生化需氧量、氨氮、总磷、总氮等。

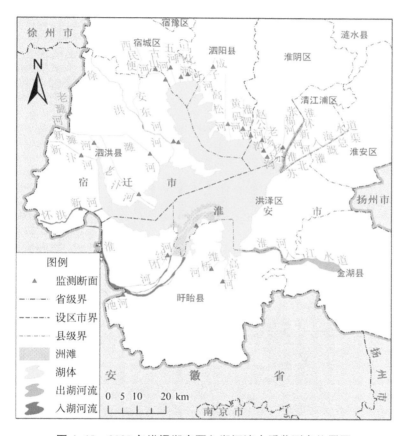

图 4-10　2020 年洪泽湖主要入湖河流水质监测点位置图

2020 年优Ⅲ河流占比为 53.8％，主要入湖河流的水质指标平均浓度为：总氮 2.89 mg/L，总磷 0.15 mg/L（Ⅲ～劣Ⅴ类），氨氮 0.77 mg/L（Ⅰ～劣Ⅴ类），高锰酸盐指数 5.52 mg/L（Ⅱ～劣Ⅴ类）。与 2019 年相比，优Ⅲ水质河流占比从 42.3％上升至 53.8％。洪泽湖主要入湖河流中，总氮高值出现在维桥河（8.34 mg/L）、肖河（7.30 mg/L）、古山河（6.26 mg/L）；总磷高值出现在肖河（0.417 mg/L）、马化河(0.230 mg/L)、五河(0.224 mg/L);氨氮高值出现在维桥河(2.13 mg/L)、肖河(4.91 mg/L);高锰酸盐指数高值出现在老场沟(8.13 mg/L)、赵公河(8.38 mg/L)。淮河总氮平均浓度为2.10 mg/L,总磷平均浓度为0.090 mg/L(Ⅱ类),氨氮平均浓度为0.13 mg/L(Ⅰ类),高锰酸盐指数均值为4.59 mg/L(Ⅲ类)。详见图4-11。

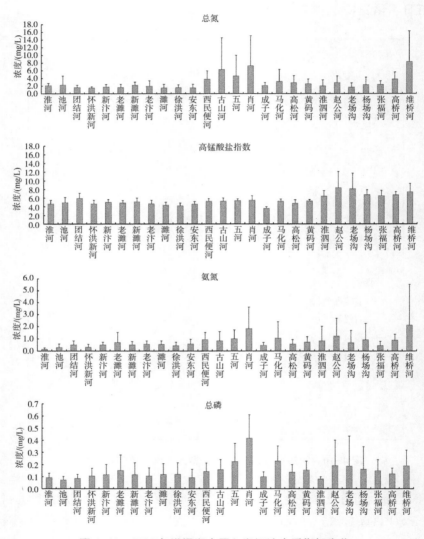

图 4-11 2020 年洪泽湖主要入湖河流水质指标变化

2021年优Ⅲ河流占比为50.2%，主要入湖河流的水质指标平均浓度为：总氮2.46 mg/L(Ⅳ～劣Ⅴ类)，总磷0.17 mg/L(Ⅱ～劣Ⅴ类)，氨氮0.78 mg/L(Ⅰ～劣Ⅴ类)，高锰酸盐指数5.52 mg/L(Ⅱ～Ⅳ类)。与2020年相比，优Ⅲ水质河流占比从42.3%下降至7.7%。主要入湖河流中，总氮高值出现在维桥河(6.14 mg/L)、黄码河(3.53 mg/L)、新汴河(3.22 mg/L)、赵公河(3.16 mg/L)、肖河(3.13 mg/L)；总磷高值出现在新汴河(0.447 mg/L)、肖河(0.233 mg/L)、马化河(0.230 mg/L)、老汴河(0.219 mg/L)；氨氮高值出现在维桥河(2.83 mg/L)、肖河(1.74 mg/L)、黄码河(1.15 mg/L)；高锰酸盐指数高值出现在高桥河(7.75 mg/L)、赵公河(7.50 mg/L)、维桥河(6.92 mg/L)。淮河总氮平均浓度为2.63 mg/L(劣Ⅴ类)，总磷平均浓度为0.083 mg/L(Ⅱ类)，氨氮平均浓度为0.11 mg/L(Ⅰ类)，高锰酸盐指数均值为3.90 mg/L(Ⅱ类)。详见图4-12。

2019—2021年洪泽湖主要入湖河流水质情况见表4-2。

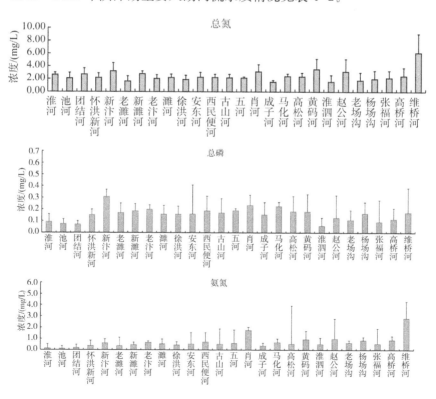

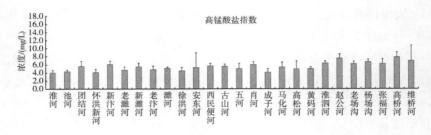

图 4-12 2021 年洪泽湖主要入湖河流水质指标变化

表 4-2 2019—2021 年洪泽湖主要入湖河流水质类别

河流	2021 年	超标因子	2020 年	超标因子	2019 年	超标因子
淮河	III		III		III	
池河	III		III		IV	化学需氧量
团结河	III		III		IV	高锰酸盐指数、化学需氧量
怀洪新河	III		III		III	
新汴河	劣 V	总磷、高锰酸盐指数、化学需氧量	III		III	
老濉河	III		III		III	
新濉河	III		III		III	
老汴河	IV	总磷	III		IV	化学需氧量
濉河	III		III		III	
徐洪河	III		III		III	
安东河	III		III		III	
西民便河	IV	氨氮	IV	化学需氧量	IV	化学需氧量
古山河	III		IV	化学需氧量	III	
五河	III	化学需氧量	IV	氨氮、总磷、化学需氧量、五日生化需氧量	IV	氨氮、总磷、化学需氧量、五日生化需氧量
肖河	V	总磷、氨氮、化学需氧量、五日生化需氧量	劣 V	总磷、氨氮、化学需氧量、五日生化需氧量	IV	总磷
成子河	III		III		III	
马化河	IV	总磷、化学需氧量	V	氨氮、总磷、化学需氧量	IV	化学需氧量

续表

河流	2021 年	超标因子	2020 年	超标因子	2019 年	超标因子
高松河	Ⅲ		Ⅲ		Ⅲ	
黄码河	Ⅳ	氨氮、五日生化需氧量	Ⅲ		Ⅳ	化学需氧量
淮泗河	Ⅳ	高锰酸盐指数、化学需氧量	Ⅳ	高锰酸盐指数、化学需氧量	Ⅴ	高锰酸盐指数、化学需氧量
赵公河	Ⅳ	高锰酸盐指数、氨氮、化学需氧量	Ⅴ	化学需氧量、高锰酸盐指数、氨氮	Ⅴ	高锰酸盐指数、化学需氧量
老场沟	Ⅳ	高锰酸盐指数	Ⅳ	高锰酸盐指数、化学需氧量	Ⅴ	高锰酸盐指数、化学需氧量
杨场沟	Ⅳ	高锰酸盐指数	Ⅳ	高锰酸盐指数、化学需氧量	Ⅳ	高锰酸盐指数、化学需氧量
张福河	Ⅳ	高锰酸盐指数	Ⅳ	高锰酸盐指数、化学需氧量	Ⅳ	化学需氧量
高桥河	Ⅳ	高锰酸盐指数、化学需氧量、五日生化需氧量	Ⅳ	高锰酸盐指数、化学需氧量	Ⅳ	氨氮、高锰酸盐指数、化学需氧量
维桥河	劣Ⅴ	氨氮、高锰酸盐指数、化学需氧量	劣Ⅴ	氨氮、化学需氧量、高锰酸盐指数	劣Ⅴ	氨氮、总磷、高锰酸盐指数、化学需氧量

4.3.2　淮河水质与湖滨带水质关系

分析入湖河流水质与洪泽湖湖滨带水质时空相关性,结果发现洪泽湖水质时间序列与入湖河流水质时间序列相关性较强,其中入湖河流和洪泽湖的溶解氧、高锰酸盐指数、氨氮、总氮相关系数为 0.92、0.59、0.25、0.47,均为极显著相关($P<0.01$);洪泽湖的溶解氧、氨氮、总氮也显示出分别与入湖河流总氮、高锰酸盐指数、氨氮有极显著相关性,相关系数分别为 0.33、0.29、0.23。由此可见,入湖河流的水质变化是洪泽湖水质变化的关键影响因素,入湖河流水质与洪泽湖水质显示出较高相关性。同时,主要入湖河流淮河水质与洪泽湖水质相关性显著,尤其与氮、磷浓度呈极显著相关(表 4-3)。就不同湖区而言,过水区对淮河水质变化的响应更加强烈,淮河水质与不同湖区水质的相关性由过水区、溧河洼、成子湖顺序逐渐减弱,其中与过水区的 TN、TP 浓度的相关系数分别达到 0.757、0.626,表明淮河水质对洪泽湖水质,尤其是氮、磷浓度存在显著影响。

　　河流的外源输入是洪泽湖水质变化的关键影响因素,淮河水质与洪泽湖水质的相关性较高。根据以往的研究和江苏省水资源公报的数据,淮河的化学需氧量、氨氮浓度逐年下降,淮河 TN、TP 浓度处于较高水平,这与洪泽湖的 TN、TP 浓度在缓慢降低中仍然维持在较高水平的现象较一致(李波和濮培民,2003)。长期的高浓度氮、磷输入可能是洪泽湖氮、磷浓度较高的重要原因。氮、磷元素的循环模式中,氮元素主要依靠反硝化作用和出湖河流流出湖泊系统,部分元素以颗粒态氮的形式沉降至泥水界面(张亚平等,2016)。磷元素在稳定水体环境中,经历不断的悬浮沉降再悬浮的过程,由于缺少氮元素的水气界面交换去除的过程,更容易滞留湖体(王华等,2019)。有研究认为,1983—2005 年的洪泽湖入湖泥沙淤积率达到 47%,年均 540 万 t,73% 分布在淮河入湖处,部分进入湖中。不断输入的营养盐及泥沙吸附作用使得湖泊氮、磷元素在湖泊富集(胡智弢等,2004),再通过扰动等物理作用、生物促进的硝化反硝化等化学作用释放到湖泊中,形成高浓度 TN、TP。同时,近年来洪泽湖蓄水泄洪调控能力有所加强,南水北调工程实施后,非汛期规划蓄水位由 13 m 提升至 13.5 m,进一步提升了洪泽湖水环境容量,可能也是促进氮、磷元素变化趋于稳定的因素之一。一方面,成子湖、溧河洼水体交换频率相对较低、流速较慢,水生植物较多,水体中颗粒态氮、磷元素发生沉降,导致水体中 TN、TP浓度相对较低。另一方面,流速较低时,底泥仅产生浓度梯度释放的分子扩散,流速增大,泥水边界中孔隙水释放氮、磷,流速继续增加会使大量悬浮物进入水体,过水区更高的流速形成大量悬浮物,底泥释放导致较高的 TN、TP浓度,从而形成了 TN、TP 浓度的空间差异。随着近年来淮河水环境治理工作的加强,流域内污染物排放呈逐步减少趋势,对流域内水质变化起到了积极作用。但入湖河流较高的氮磷浓度,仍然是洪泽湖氮磷维持较高浓度的重要原因。

表 4-3　洪泽湖不同湖区与淮河水质指标 Pearson 相关系数

项目	全湖		成子湖		溧河洼		过水区	
	相关系数	P	相关系数	P	相关系数	P	相关系数	P
COD_{Mn}	0.114	0.301	−0.035	0.752	−0.152	0.168	0.380	<0.001***
TN	0.617	<0.001***	0.160	0.146	0.215	0.049**	0.757	<0.001***
TP	0.566	<0.001***	0.257	0.018**	0.233	0.033**	0.626	<0.001***

注:** 表示在 0.05 水平显著相关,*** 表示在 0.001 水平显著相关。

4.4 大型水生植物群落结构

4.4.1 湖滨带水生植物群落特征

大型水生植物调查样点数为 56 个,样点均匀地分布于全湖湖滨带(图 4-13)。每个样点进行定量采样。水生植物调查方法:定量工具一般用带网铁夹。铁夹是由可开合的钢筋组成的长方形框架,规格一般为 0.4 m×0.5 m。定性采样常借助采样船拖拽采样把收集大型水生植物。

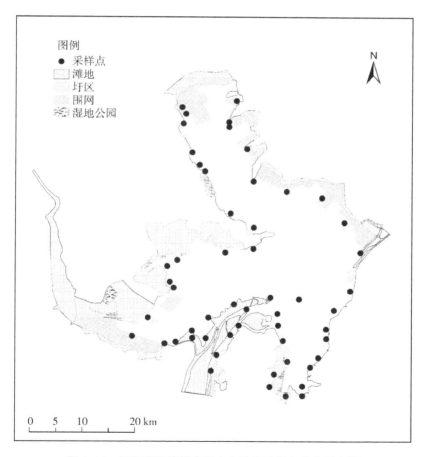

图 4-13　洪泽湖湖滨带大型水生植物采样点分布示意图

物种鉴定参照《中国水生高等植物图说》和《中国水生维管束植物图谱》。大型水生植物生活型的分类以 Cook 的定义为准,分为挺水植物、漂浮植物、浮叶植物和沉水植物 4 种生活型。植物群落生物量为一定面积内所有地上茎叶的质量。采集样方内所有水生植物,将植物洗净除根后装入网袋,甩动网袋,待长时间(5 秒钟)无水滴跌落时,立即称其鲜重。植物频度为某种植物在全部样方数中出现的频率。盖度常用目测法估计,以百分比方式表征,参照 Braun-Blanquet 多盖度方法表示。盖度描述采用五个等级(5,盖度>75%;4,盖度为 50%~75%;3,盖度为 25%~50%;2,盖度为 5%~25%;1,盖度为 1%~5%)。

(1) 物种组成

本次调查记录到水生植物共计 15 科 18 属 18 种(表 4-4)。按生活型划分,有挺水植物 6 种,沉水植物 6 种,浮叶植物 2 种,漂浮植物 4 种。挺水植物优势种为芦苇和莲;沉水植物优势种为穗状狐尾藻和篦齿眼子菜;浮叶植物优势种为菱和荇菜;漂浮植物优势种为浮萍和水鳖。

表 4-4　大型水生植物目录

序号	门	科	中文名	生活型	拉丁名
1	蕨类植物	满江红科	满江红	漂浮植物	*Azolla imbricata*
2	蕨类植物	槐叶苹科	槐叶	漂浮植物	*Salvinia natans*
3	双子叶植物	蓼科	水蓼	挺水植物	*Polygonum hydropiper*
4	双子叶植物	苋科	喜旱莲子草	挺水植物	*Alternanthera philoxeroides*
5	双子叶植物	菱科	菱	浮叶植物	*Trapa bispinosa*
6	双子叶植物	小二仙草科	穗状狐尾藻	沉水植物	*Myriophyllum spicatum*
7	双子叶植物	龙胆科	荇菜	浮叶植物	*Nymphoides peltata*
8	双子叶植物	睡莲科	莲	挺水植物	*Nelumbo nucifera*
9	单子叶植物	金鱼藻科	金鱼藻	沉水植物	*Ceratophyllum demersum*
10	单子叶植物	香蒲科	水烛	挺水植物	*Typha angustifolia*
11	单子叶植物	眼子菜科	竹叶眼子菜	沉水植物	*Potamogeton wrightii*
12	单子叶植物	眼子菜科	篦齿眼子菜	沉水植物	*Stuckenia pectinata*
13	单子叶植物	水鳖科	水鳖	漂浮植物	*Hydrocharis dubia*
14	单子叶植物	水鳖科	苦草	沉水植物	*Vallisneria natans*
15	单子叶植物	禾本科	芦苇	挺水植物	*Phragmites australis*
16	单子叶植物	禾本科	菰	挺水植物	*Zizania latifolia*

序号	门	科	中文名	生活型	拉丁名
17	单子叶植物	浮萍科	浮萍	漂浮植物	*Lemna minor*
18	绿藻	轮藻科	轮藻	沉水植物	*Chara*

（2）物种频度

大型水生植物群落结构决定了大型水生植物群落的功能，间接反映群落的健康状况。水生植物群落结构常用频度和丰度这两个指标来衡量植物群落的组成状况。

2020年8月调查数据表明，全湖植物频度由高至低依次为菱、苻菜、喜旱莲子草和水鳖，频度分别为52%、47%、41%和38%。数据显示，半数湖滨带点位有菱和苻菜群落分布，详见图4-14。

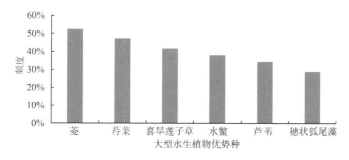

图4-14 全湖大型水生植物群落优势种频度分布

成子湖物种频度由高至低依次为芦苇、喜旱莲子草、菱、浮萍和苻菜。调查期间，成子湖水体透明度高，尤其是成子湖西部水域，局部地区受浮游植物增殖影响而显著降低。详见图4-15。

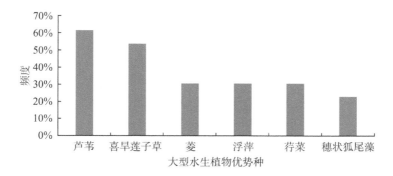

图4-15 成子湖大型水生植物群落优势种频度分布

溧河洼曾经是围网养殖重点区域,后在"退圩还湖"政策的指引下,溧河洼自由水面面积逐步扩大。原有围网区湖底积累大量有机物和泥沙,而围网撤除后,风浪阻力显著降低,水体扰动强度高,导致该水域水体悬浮物居高不下,透明度维持在较低水平。受此影响,水生植物频度偏低。调查期间,溧河洼物种频度由高至低依次为菱、喜旱莲子草、荇菜、穗状狐尾藻和槐叶。上述物种均可在水体表面形成冠层,对水下光环境要求较低。详见图 4-16。

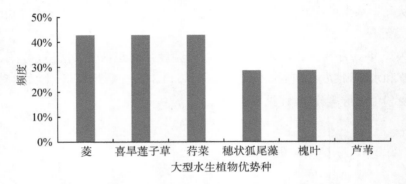

图 4-16 溧河洼湖大型水生植物群落优势种频度分布

过水区主要水体为敞水区,受风浪扰动强度高,水体透明度较低,然而湖滨带分布面积广,且湖滨带生境差异较大,大型水生植物频度并未显著降低。调查期间,物种频度由高至低依次为菱、水鳖、荇菜、喜旱莲子草和浮萍。其中水鳖和浮萍属于漂浮植物,容易在盛行风下风向湖滨带堆积。详见图4-17。

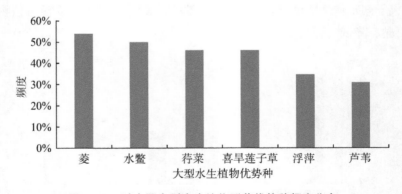

图 4-17 过水区大型水生植物群落优势种频度分布

（3）群落盖度

植物盖度全湖均值为 48%；最大值出现在溧河洼，平均盖度为 54%；蒋坝水域植物盖度最低，仅为 39%。数据表明，溧河洼湖滨带生境条件适合大型水生植物定殖和扩张，植物盖度较高；而蒋坝和成子湖湖滨带植物空间分布差异大，水生植物主要分布在局部水体，导致植物盖度均值偏低（图 4-18、表 4-5）。

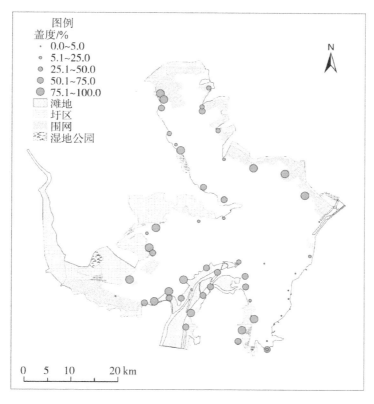

图 4-18　大型水生植物植物盖度空间分布特征

表 4-5　大型水生植物植物盖度特征

湖区	全湖	成子湖	过水区	溧河洼	蒋坝
盖度	48%	45%	51%	54%	39%

（4）植物多样性指数

全湖植物多样性指数为 0.30；最高值出现在成子湖，多样性指数为 0.37；最低值出现在溧河洼，多样性指数仅为全湖一半（0.15）。溧河洼植物盖度较高,但多样性很低,表明溧河洼植物群落结构简单,植物群落由少量物种形成单优势种群,存在恶性增殖的趋势;成子湖植物群落生物多样性高,群落结构复杂,整个系统稳定性高(图4-19、表4-6)。

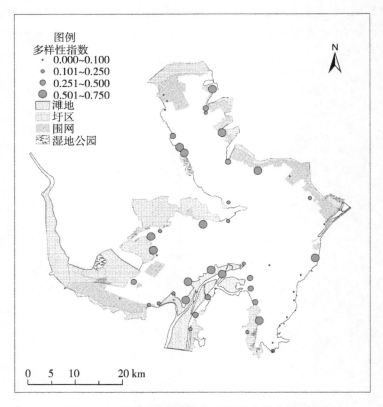

图4-19 大型水生植物植物多样性空间分布特征

表4-6 大型水生植物植物多样性特征

湖区	全湖	成子湖	过水区	溧河洼	蒋坝
多样性指数	0.30	0.37	0.32	0.15	0.28

(5) 群落生物量

全湖水生植物的平均生物量为 4.22 kg/m²;最高值出现在溧河洼,生物量为 5.58 kg/m²;最低值出现在蒋坝,生物量为 2.86 kg/m²。植物群落的盖度和多样性空间分布特征进一步表明,溧河洼植物盖度较高,植物群落结构简单,少数物种存在恶性增殖的现象(图4-20、表4-7)。

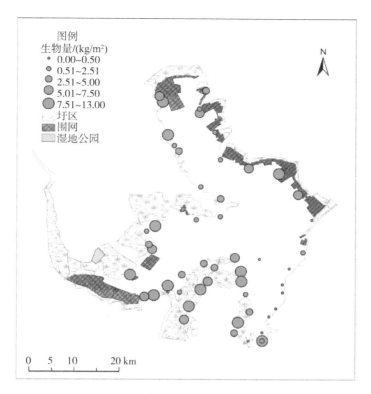

图 4-20　大型水生植物植物生物量空间分布特征

表 4-7　大型水生植物植物生物量特征

湖区	全湖	成子湖	过水区	溧河洼	蒋坝
生物量/(kg/m²)	4.22	4.11	4.37	5.58	2.86

　　在物种组成方面,植物频度由高至低依次为菱、荇菜、喜旱莲子草和水鳖,其中菱和荇菜为浮叶植物,具有可伸长茎秆,而喜旱莲子草和水鳖常漂浮于水面,上述物种对水位变化的适应性强,表明洪泽湖水位波动对湖滨带水生植物群落发育有显著影响。植物群落空间分布特征为:溧河洼湖滨带植物分布面积最大,成子湖次之,蒋坝湖滨带植物分布面积最小。成子湖空间差异性明显,成子湖西侧沿岸带多为自然型湖滨带,人类干扰较轻,水生植物群落多样性高,植物群落分布面积广;而成子湖东部沿岸带多为圈圩养殖区,人类干扰强度高,水生植物群落发育受阻。蒋坝湖区水生植物空间分布也存在相似特征,蒋坝东部湖滨带均为直立边坡,西部沿岸带的人类干扰强度低于东部沿岸带,因此西部湖滨带水生植物群落发育较好,物种组成较复杂。

退圩还湖导致水环境发生了较大变化。退圩还湖实施初期,相对封闭的水体形成敞水面,可能导致沉积物再悬浮增加,水体透明度降低。但是,随着退圩还湖工程的进一步实施,退圩区将进一步发展为水生植物的适生区,这将有利于水生植物群落的发展并扭转目前逆行演替的趋势,进一步提升退圩区的生态系统结构完整性和生态功能。

4.4.2　洪泽湖水生植物群落波动特征

在前人研究的工作基础上,2018—2020 年对洪泽湖湖区进行了水生植物分布情况调查,摸清水生植物的分布特征,以揭示水生植被种群演变规律。调查范围为洪泽湖湖区所有水生植物物种,以及分布在湖滨带的少量湿生植物。水生植物是指能在淹水环境中完成整个生活史过程的植物,而湿生植物是指能在过湿环境中完成整个生活史过程的植物,在淹水环境下不能完成整个生活史过程(刘伟龙等,2009;赵凯,2017)。调查采用人工现场样方调查方法,监测时间为 5 月(春季)和 8 月(夏季)。调查方法是现场调查,在调查样点的选择上尽量使这些点均匀地分布在全湖。在每个湖湾各布设 4～8 个样线(白永飞等,2002;鲍建平等,1991),每个样线均垂直于岸线,样线一直延伸至湖湾中心航道。每个样线布设 5～12 个采样点(图 4-21)。水草采样工具为带网铁夹。铁夹是由可开合的钢筋组成的长方形框架,规格一般为 0.4 m×0.5 m。植物物种鉴定参照《中国水生植物》(陈耀东等,2012)和《中国水生高等植物图说》(颜素珠,1983)。采集后立即去泥、分类,用网兜悬挂到不滴水为止时称其鲜重为准,生物量以各个采样点采集次数的平均鲜重值为准。漂浮植物生物量以全株鲜重作为生物量,其他生态型的水生植物由于难以采集到完整根系,因此以底泥以上部分的鲜重为准。生物量统一换算为每 1 m² 鲜重进行分析比较。植物盖度采用目测法估计(姜汉侨等,2010;刘伟龙等,2007)。

野外调查工作结束后,利用地理信息系统软件展示野外数据,通过克里金插值构建水生植物群落特征图,并借助地理信息系统软件统计植物覆盖等指标。

调查期间水生植物种类组成无年际差异。共记录到水生植物 27 种,按生活型分,有挺水植物 11 种,沉水植物 9 种,浮叶植物 3 种,漂浮植物 4 种,详见表 4-8。挺水植物优势种为芦苇和莲;沉水植物优势种为穗状狐尾藻和篦齿眼子菜;浮叶植物优势种为菱和荇菜;漂浮植物优势种为浮萍和水鳖。

图 4-21　水生植物采样点分布示意图

表 4-8　2015—2020 年洪泽湖水生植物名录

编号	门	科	中文名	拉丁名	5 月	8 月
1	单子叶植物	灯芯草科	灯芯草	*Juncus effusus*	√	√
2	单子叶植物	浮萍科	浮萍	*Lemna minor*	√	√
3	单子叶植物	禾本科	稗	*Echinochloa crusgalli*	√	√
4	单子叶植物	禾本科	荻	*Miscanthus sacchariflorus*	√	√
5	单子叶植物	禾本科	菰	*Zizania latifolia*	√	√
6	单子叶植物	禾本科	李氏禾	*Leersia hexandra*	√	√
7	单子叶植物	禾本科	芦苇	*Phragmites australis*	√	√
8	单子叶植物	禾本科	芦竹	*Arundo donax*	√	√
9	单子叶植物	金鱼藻科	金鱼藻	*Ceratophyllum demersum*	√	√
10	单子叶植物	水鳖科	黑藻	*Hydrilla verticillata*	√	√
11	单子叶植物	水鳖科	苦草	*Vallisneria natans*	√	√

编号	门	科	中文名	拉丁名	5月	8月
12	单子叶植物	水鳖科	水鳖	*Hydrocharis dubia*	√	√
13	单子叶植物	香蒲科	水烛	*Typha angustifolia*	√	√
14	单子叶植物	眼子菜科	篦齿眼子菜	*Stuckenia pectinata*	√	√
15	单子叶植物	眼子菜科	竹叶眼子菜	*Potamogeton wrightii*	√	
16	单子叶植物	眼子菜科	微齿眼子菜	*Potamogeton maackianus*	√	√
17	单子叶植物	眼子菜科	菹草	*Potamogeton crispus*	√	√
18	双子叶植物	蓼科	水蓼	*Polygonum hydropiper*	√	√
19	双子叶植物	菱科	菱	*Trapa bispinosa*	√	√
20	双子叶植物	龙胆科	荇菜	*Nymphoides peltata*	√	√
21	双子叶植物	睡莲科	莲	*Nelumbo nucifera*	√	√
22	双子叶植物	睡莲科	芡	*Euryale ferox Salisb*	√	√
23	双子叶植物	苋科	喜旱莲子草	*Alternanthera philoxeroides*	√	√
24	双子叶植物	小二仙草科	穗状狐尾藻	*Myriophyllum spicatum*	√	√
25	蕨类植物	槐叶苹科	槐叶苹	*Salvinia natans*	√	√
26	蕨类植物	满江红科	满江红	*Azolla imbricata*	√	
27	绿藻	轮藻科	轮藻	*Chara*		√

近年来,湖区植物组成发生较大变化。春季,2018年优势种依次为穗状狐尾藻、菱和荇菜;2020年优势种变更为菹草、穗状狐尾藻和篦齿眼子菜(表4-9)。春季穗状狐尾藻和菹草频度显著增加,而菱频度呈现下降趋势。近年来穗状狐尾藻和菹草的优势地位相对稳定,其他物种优势度排序变更较频繁。

表 4-9　春季洪泽湖水生植物频度排序

频度排序	2018 年	2019 年	2020 年
1	穗状狐尾藻	菹草	菹草
2	菱	穗状狐尾藻	穗状狐尾藻
3	荇菜	菱	篦齿眼子菜
4	篦齿眼子菜	荇菜	荇菜
5	金鱼藻	篦齿眼子菜	菱

夏季,2018年,优势种依次为荇菜、穗状狐尾藻和菱;2020年,优势种变更为穗状狐尾藻、菱和金鱼藻(表4-10)。由此可见,竹叶眼子菜和篦齿眼子菜频度显著降低,穗状狐尾藻频度显著增加,近年来穗状狐尾藻和菱的频度排序相

对稳定,一直位于较高水平。

表 4-10　夏季洪泽湖水生植物频度排序

频度排序	2018 年	2019 年	2020 年
1	荇菜	穗状狐尾藻	穗状狐尾藻
2	穗状狐尾藻	菱	菱
3	菱	荇菜	金鱼藻
4	金鱼藻	微齿眼子菜	竹叶眼子菜
5	竹叶眼子菜	篦齿眼子菜	荇菜

综上所述,湖区优势种存在年际波动,春季优势种更迭相对频繁。与十年前相比,微齿眼子菜频度显著降低,而菱和穗状狐尾藻频度显著上升。微齿眼子菜属底层水生植物,对水质要求高;菱和穗状狐尾藻可在水面形成冠层,具备可持续伸长的茎叶,适应能力强,能有效抵抗外界环境干扰。优势种的更替间接反映湖区水生态尚未出现明显转好趋势。

洪泽湖水生植物频度的时空异质性大。以 2020 年为例,春季菹草、穗状狐尾藻和篦齿眼子菜的频度最高,分别达到了 28%、22% 和 17%。8 月,穗状狐尾藻出现频度最高,达到了 23%;菱和金鱼藻频度紧随其后,分别为 18% 和 16%。详见图 4-22。

成子湖水体透明度高,尤其是成子湖西部水域,局部地区受浮游植物增殖影响而显著降低。春季,成子湖物种频度由高至低依次为穗状狐尾藻、篦齿眼子菜和微齿眼子菜;夏季,物种频度由高至低依次为穗状狐尾藻、竹叶眼子菜和篦齿眼子菜。详见图 4-23。

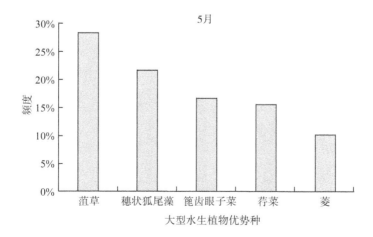

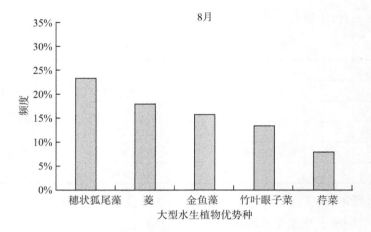

图 4-22　2020 年洪泽湖水生植物群落优势种频度分布

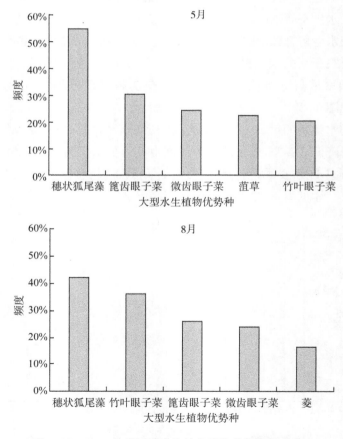

图 4-23　2020 年成子湖水生植物群落优势种频度分布

溧河洼曾经是围网养殖重点区域,在"退圩还湖"政策的指引下,溧河洼自由水面面积逐步扩大。调查期间,春季溧河洼物种频度由高至低依次为荇菜、菹草和穗状狐尾藻;夏季,物种频度由高至低依次为穗状狐尾藻、菱和喜旱莲子草。详见图4-24。

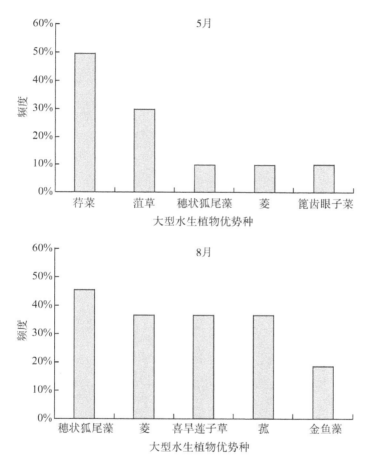

图4-24 2020年溧河洼水生植物群落优势种频度分布

过水区多为敞水区,水体受风浪扰动强度高,水体透明度低,植物种类少,生物多样性低。调查期间,春季过水区物种频度由高至低依次为菹草、荇菜和菱;夏季,物种频度由高至低依次为金鱼藻、菱和穗状狐尾藻。详见图4-25。

物种多样性指数是物种丰富度和均匀度的函数。在年际波动方面,2018年春季和2020年夏季植物多样性指数最高,分别为0.154和0.110,最低值出

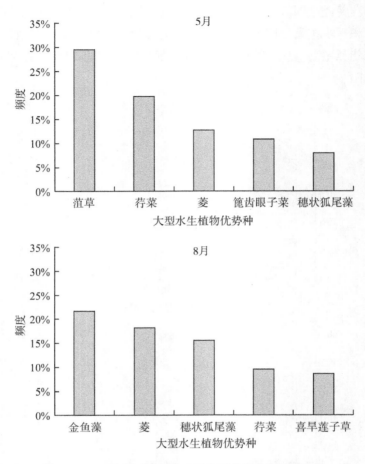

图 4-25　2020 年过水区水生植物群落优势种频度分布

现在 2019 年夏季。在季节波动方面,夏季植物多样性指数均略低于春季。洪泽湖水生植物多样性指数空间分布极不均匀。统计显示,成子湖植物多样性指数最高,蒋坝植物多样性指数最低,而过水区和溧河洼处于中等水平。详见表 4-11、表 4-12、图 4-26、图 4-27。

表 4-11　洪泽湖水生植物多样性指数年际波动特征

年份	春季		夏季	
	均值	标准差	均值	标准差
2018 年	0.154	0.248	0.081	0.185
2019 年	0.075	0.168	0.071	0.171

续表

年份	春季		夏季	
	均值	标准差	均值	标准差
2020 年	0.115	0.207	0.110	0.204

表 4-12　2020 年洪泽湖水生植物多样性指数空间分布特征

湖区	春季		夏季	
	均值	标准差	均值	标准差
成子湖	0.157	0.216	0.176	0.212
过水区	0.102	0.201	0.089	0.191
蒋坝	0.097	0.205	0.067	0.176
溧河洼	0.107	0.214	0.166	0.291

图 4-26　2020 年春季洪泽湖水生植物多样性指数空间分布示意图

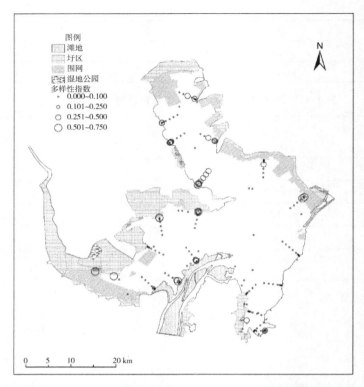

图 4-27　2020 年夏季洪泽湖水生植物多样性指数空间分布示意图

统计分析显示,春季水生植物盖度呈现波动下降的趋势,盖度最大值为 2018 年,2019 年的植物盖度最低。夏季水生植物盖度也呈现震荡下行的趋势,最大值出现在 2020 年(15.0%),最低值出现在 2019 年(10.8%)。在空间分布特征方面,2020 年春季植物盖度最高的三个湖区依次是成子湖、过水区和溧河洼;夏季植物盖度空间分布特征与春季基本相似,成子湖植物盖度最高(20.5%),而蒋坝植物盖度最低(2.7%)。详见表 4-13、表 4-14、图 4-28、图 4-29。

表 4-13　洪泽湖水生植物盖度均值年际波动

年份	春季盖度均值/%	夏季盖度均值/%
2018 年	16.9	13.2
2019 年	9.1	10.8
2020 年	11.2	15.0

表 4-14　2020 年洪泽湖水生植物盖度空间分布特征

湖区	春季盖度均值/%	夏季盖度均值/%
成子湖	18.2	20.5
溧河洼	10.8	15.8
蒋坝	1.3	2.7
过水区	11.6	17.9

图 4-28　2020 年春季洪泽湖水生植物盖度空间分布示意图

　　在空间分布格局方面,夏季敞水区水生植物分布较少,主要分布在沿岸带,尤其是北部和西部湖湾的沿岸带,该区域水生植物通常成片分布,物种盖度沿垂直岸线方向逐步降低,水下地形坡降较低的水域,水生植物分布的范围较广,而在坡度较陡的岸带,水生植物分布宽度通常较小;东部岸带水生植物分布较少,通常只有菱、竹叶眼子菜和箆齿眼子菜零星分布在具有浅滩的水域。春季

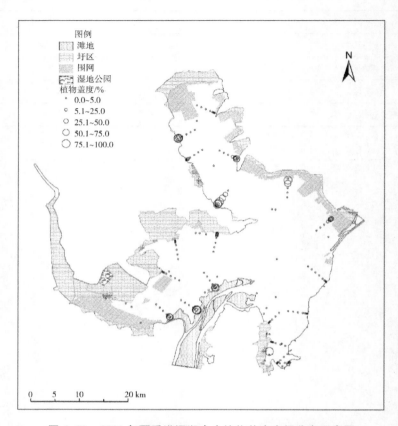

图 4-29 2020 年夏季洪泽湖水生植物盖度空间分布示意图

物种分布盖度及生物量明显低于夏季,主要原因是春季多数植物开始萌发,处
于生长初期,植物个体小,盖度较低。

　　利用地理信息系统软件展布野外数据,通过克里金插值,构建水生植物群
落全湖盖度分布特征图,统计分析洪泽湖全湖水生植物面积(盖度大于 5% 水
域)。结果显示,近年来洪泽湖湖区植物覆盖面积呈现先下降后缓慢上升趋势。
春季,2020 年水生植物分布面积最大,2019 年分布面积最小;夏季,2018 年和
2020 年水生植物分布面积均处于较高水平。与十年前相比,洪泽湖水生植物
分布面积偏小。无论春季还是夏季,植物盖度同比缓慢降低,且水生植物覆盖
高的水面有所降低。详见图 4-30、表 4-15。

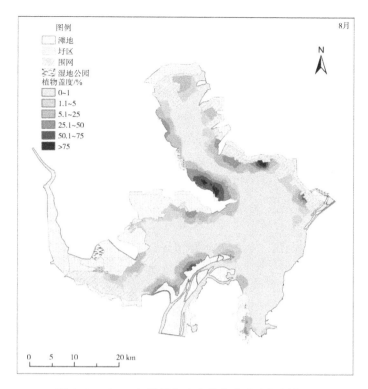

图 4-30　2020 年洪泽湖水生植物盖度空间插值图

表 4-15　洪泽湖水生植物面积年际波动特征　　　　　　　　单位：km²

年份	春季	夏季
2018 年	211	210
2019 年	189	198
2020 年	217	232

　　新中国成立初期,洪泽湖为草型湖泊,芦苇、水烛、李氏禾等不仅分布范围广,而且生长十分茂盛,以致湖中难以行船(王国祥等,2014;张圣照,1992)。据文献记载,朱松泉最早对洪泽湖水生植物进行系统调查(朱松泉和窦鸿身,1993),调查共记录水生植物 81 种,隶属于 36 科 61 属。而本次研究调查发现的植物种类为 28 种。通过对比原文献资料,发现种类差别主要是由于调查手段、植物种的鉴定依据和对水生植物概念的界定不同而形成的(刘伟龙等,2009)。与历史资料相比,洪泽湖水生植物的群落结构发生较大变化(阮仁宗等,2005;王国祥等,2014;张圣照,1992)。清水型物种的频度显著降低,如微齿眼子菜和苦草等,而耐污型的频度持续上升,如菱和穗状狐尾藻。微齿眼子菜属底层水生植物,对水质要求

高;菱和穗状狐尾藻可在水面形成冠层,具备可持续伸长的茎叶,适应能力强。

植物群落分布特征没有太大变化:沉水植物数量众多。在洪泽湖分布的水生植物中,沉水植物不论从种类还是数量上都占据着主导地位。沉水植物主要分布在成子湖湾内,优势种为篦齿眼子菜、微齿眼子菜和竹叶眼子菜,其中篦齿眼子菜和微齿眼子菜覆盖度与密度较大、生物量较高。其次是泗洪县境内的西北近岸带水域,优势种为篦齿眼子菜、竹叶眼子菜,篦齿眼子菜分布得靠近岸线,而竹叶眼子菜则向敞水区分布较多。浮叶植物的主要植被是荇菜和菱。荇菜分布地区较广,一般呈斑块状分布。一般在荇菜分布区域会有少量的菱和金鱼藻伴生。挺水植物主要的群丛有芦苇和菰,一般都是以单一物种成片出现,形成单优群丛,分布在沿岸带的浅水区或滩涂湿地上。

1952 年以前,湖西区水生植被水草覆盖面积在 70% 以上,某些河道和湖边由于芦苇等水生植被过于繁茂,船只都无法通行。到 20 世纪 70 年代末,湖区水生植被覆盖面积只有 15%(《洪泽湖渔业史》编写组,1990)。1965—1980年,由于围湖垦殖共侵占滩地 332 km²,水生植被分布面积约为全湖面积的 34.44%(刘昉勋和唐述虞,1986)。2020 年水生植被面积为 232 km²,约占全湖面积的 11%。根据文献记载(朱松泉和窦鸿身,1993),扣除芦苇群丛的面积,洪泽湖 1993 年水生植被面积为 524 km²。由此可见,1993—2020 年,洪泽湖水生植被面积就减少 292 km²,减少了 56%。近年来,洪泽湖水生植物分布面积显著降低,这与遥感影像解译的结果基本一致(李娜等,2019;刘伟龙等,2009)。目前湖区水生植物种类贫乏,现存量小。高强度的人类干扰可能是导致水生植物衰退的主要原因。水生植物面积的急剧缩减破坏生态系统平衡,并影响湖中其他生物的生长和繁殖,控制破坏水生植物资源的行为显得十分必要。

4.5 浮游植物群落结构

4.5.1 种类组成

洪泽湖湖滨带的浮游植物定量样品中,共鉴定出浮游植物 6 门 54 种(属),其中:绿藻门种类最多,共有 24 种,占总数的 44%;硅藻门和蓝藻门各为 13 和 9 种,硅藻门占总数的 24%,蓝藻门占 17%;其他各门,即裸藻门、甲藻门和隐藻门仅分别发现 5 种、2 种和 1 种,分别占比 9%、4% 和 2%,如图 4-31 所示。据 McNaughton 优势度指数大于 0.02 的原则,现阶段整体湖滨带优势种有 6 种(属),分别为浮游蓝丝藻、微囊藻、丝藻、小球藻、平裂藻和鱼腥藻,平均密度分别为 294.8 万个/L、153.3 万个/L、80.2 万个/L、44.7 万个/L、81.5 万个/L 和 48.4 万个/L。

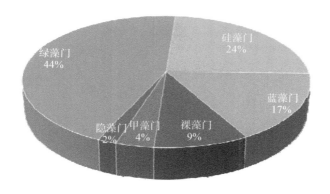

图 4-31 洪泽湖湖滨带浮游植物种类组成

4.5.2 空间分布

洪泽湖湖滨带浮游植物密度最大值为北部湖区点位的 4 725.95 万个/L,最小值为东南部点位 31 万个/L,平均值为 907.61 万个/L。全湖蓝藻门密度最大,平均值 661.38 万个/L,裸藻门和甲藻门密度较低,平均值分别为 3.93 万个/L 和 1.91 万个/L。在生物量方面,浮游植物生物量最大值为北部湖区点位的 19.49 mg/L,最低值为东南湖区的 0.11 mg/L,平均值 2.29 mg/L。隐藻门生物量平均值最高,为 0.64 mg/L,裸藻门和甲藻门平均生物量较低,分别为 0.17 mg/L 和 0.16 mg/L。从空间分布上看,浮游植物密度最大值为成子湖区域的 1 785.27 万个/L,最小值为东部大堤区域的 139.33 万个/L,生物量空间格局与密度大致相同,最大值仍为成子湖区域的 4.21 mg/L,最低值同样为东部大堤区域的 0.47 mg/L。详见图 4-32、图 4-33、图 4-34。

野外调查发现,成子湖东部湖滨带多处发现蓝藻水华。该区域浮游植物密度、生物量均处于较高水平,蓝藻门占比相对较大。

洪泽湖湖滨带浮游植物多样性指数如图 4-35 所示。从图中可知,Shannon 多样性指数最大值和最小值分别为 2.40 和 0.56,均值为 1.58。Pielou 均匀度指数均值为 0.60,最大值为 0.89,最小值为 0.22。洪泽湖湖滨带浮游植物 Shannon 多样性指数多位于 1 和 2 之间,少数点位大于 2。

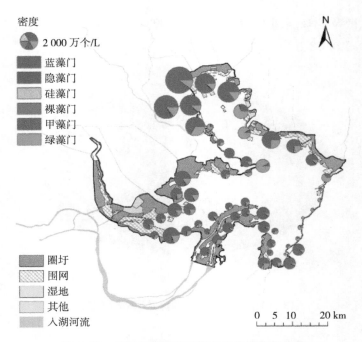

图 4-32　洪泽湖湖滨带浮游植物密度空间分布

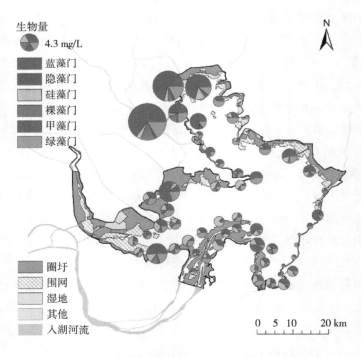

图 4-33　洪泽湖湖滨带浮游植物生物量空间分布

图 4-34　成子湖东部湖滨带蓝藻水华

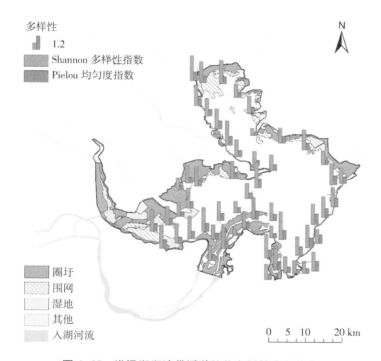

图 4-35　洪泽湖湖滨带浮游植物多样性空间分布

4.5.3　不同类型湖滨带浮游植物差异

从数量上来看,大堤型湖滨带检出 23 种浮游植物,为总体湖滨带中检出种数最少。从比例来看,河口型湖滨带中绿藻门占比最低,为 40%;光滩型湖滨带绿藻门种类数占比最高,为 45%;大堤型湖滨带甲藻门占比相比于其他类型湖滨带较高,为 9%。

在洪泽湖不同湖滨带浮游植物密度中,围网型湖滨带平均细胞丰度最高,为 1 696 万个/L;圈圩型次之,为 1 122 万个/L;光滩型为 527 万个/L;河口型为 621 万个/L;大堤型最低,为 98.3 万个/L。大堤型绿藻门细胞丰度占比最大,为 66%,蓝藻门细胞丰度占比次之,为 27%;河口型、围网型和光滩型蓝藻门占比为 70%~80%,绿藻门细胞丰度次之,为 15%~20%。

从生物量来看,围网型湖滨带平均生物量最高,为 4.94 mg/L;圈圩型次之,为 2.54 mg/L;光滩型为 1.26 mg/L;河口型为 1.38 mg/L;大堤型最低,为 0.51 mg/L。围网型隐藻门浮游植物生物量占比最大,为 43%;大堤型甲藻门生物量占比最多,为 34%;河口型硅藻门生物量占比最多,为 32%,详见较 4-36。

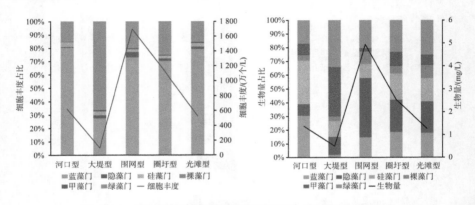

图 4-36 洪泽湖不同类型湖滨带浮游植物细胞丰度和生物量

Shannon 多样性指数均值为 1.62;光滩型湖滨带最高,为 1.81;大堤型次之,为 1.71。Pielou 均匀度指数均值为 0.78;大堤型湖滨带最高,为 0.81;光滩型次之,为 0.65;河口型最低,为 0.54。详见图 4-37。

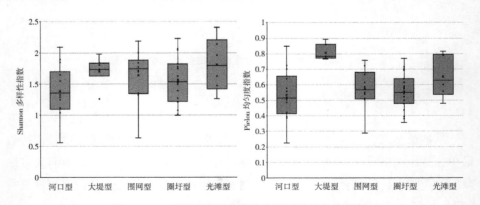

图 4-37 不同洪泽湖湖滨带类型浮游植物多样性

NMDS 结果表明,大堤型湖滨带浮游植物群落结构与其他类型湖滨带群落结构在 MDS1 方向上存在明显差异,围网型点位呈现聚合形态表明浮游植物群落相似度高,生物类群相似。详见图 4-38。

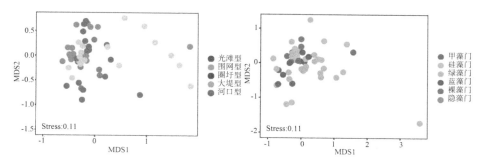

图 4-38　洪泽湖湖滨带浮游植物 NMDS 结果

洪泽湖湖滨带浮游植物群落结构在不同类型湖滨带中存在差异,其中大堤型湖滨带群落明显异于其他类型,检出物种数最少,主要优势种为小球藻、丝藻和浮游蓝丝藻等,生物量和细胞丰度也低于其他类型湖滨带。这种差异的形成可能与大堤型湖滨带的蓄水调控功能密不可分,其水力和环境条件长期处于波动状态,从而影响浮游植物生长繁殖,导致物种数、细胞丰度和生物量减少。

4.5.4　洪泽湖湖滨带浮游植物群落结构特征

洪泽湖湖滨带浮游植物细胞丰度和生物量呈现北高东低的空间特征,成子湖湖区和东部沿岸地区值得关注。成子湖浮游植物细胞丰度最高达 4 725.95 万个/L,蓝藻门丰度为 3 921.5 万个/L,优势种多为浮游蓝丝藻和微囊藻。成子湖区多为圈圩和围网等湖滨带类型,并伴随着较高的营养物质和静水环境,有利于浮游植物生长,部分水域蓝藻水华严重。此外,成子湖隐藻门维持较高丰度和生物量,代表着此处有机物含量较高,需关注有机物污染。东部沿岸地区多为大堤型湖滨带,此处浮游植物密度较低,与较强水动力条件和换水周期有关。

4.6　浮游动物群落结构

4.6.1　种类组成

本次调查共鉴定洪泽湖湖滨带的浮游动物 46 种,其中:轮虫 16 种,占浮游动物总物种数的 34.8％；原生动物 15 种，占 32.6％；枝角类 7 种，占 15.2％；桡足类 8 种，占 17.4％。圈圩型浮游动物物种数最多，共为 37 种，围网型 34 种，光滩型 29 种，河口型 28 种，大堤型 25 种。详见图 4-39。

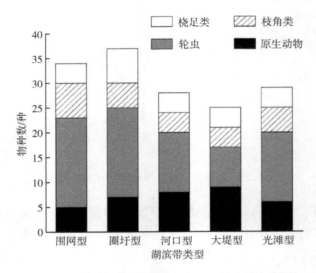

图 4-39　洪泽湖不同类型湖滨带浮游动物物种数

以优势度 $Y > 0.02$ 为标准，洪泽湖湖滨带优势种共计 17 种，其中：原生动物优势种有砂壳虫属（*Difflugia*）、拟铃虫属（*Tintinnopsis*）、大弹跳虫（*Halteria grandinella*）、钟虫（*Vorticella*）、侠盗虫（*Strobilidium*）、囊坎虫（*Ascampbelliella*）；轮虫优势种有萼花臂尾轮虫（*Brachuionus calyciflorus*）、剪形臂尾轮虫（*Brachionus forficula*）、角突臂尾轮虫（*Brachionus angularis*）、镰状臂尾轮虫（*Brachionus falcatus*）、曲腿龟甲轮虫（*Keratella valga*）、针簇多肢轮虫（*Polyarthra trigla*）、前节晶囊轮虫（*Asplachna priodonta*）、圆筒异尾轮虫（*Trichocerca cylindrica*）；枝角类优势种有简弧象鼻溞（*Bosmina coregoni*）、长额象鼻溞（*Bosmina longirostris*）；桡足类优势种有无节幼体（*Nauplii*）。

4.6.2　空间分布

从空间点位来看，湖滨带浮游动物群落存在一定差异，原生动物和轮虫丰度较高，原生动物在南岸线占优势，轮虫在整个湖滨带都占有优势；轮虫和枝角类的生物量占优势；Shannon-Weiner 指数（H'）在东岸和北岸较高。详见图 4-40。

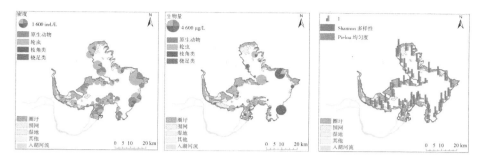

图 4-40　洪泽湖湖滨带浮游动物密度、生物量、多样性指数空间分布

　　将洪泽湖湖滨带的原生动物、轮虫、枝角类、桡足类密度分别作图，可以看出原生动物和轮虫丰度明显高于枝角类和桡足类，且在整个洪泽湖湖滨带都有较高分布，而枝角类在东湖岸密度最高，桡足类在洪泽湖西北部和南部分布较多。详见图 4-41。

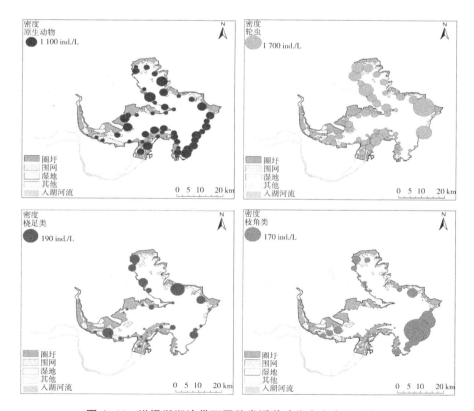

图 4-41　洪泽湖湖滨带不同种类浮游动物密度空间分布图

4.6.3 不同类型湖滨带浮游动物差异

从洪泽湖湖滨带类型来看,其中大堤型点位浮游动物平均密度最高,为 989.50 ind./L;圈圩型为 909.18 ind./L;河口型为 732.14 ind./L;光滩型为 837.25 ind./L;围网型最低,为 671.88 ind./L。且五种类型的湖滨带中浮游动物均表现为原生动物和轮虫的丰度较高,枝角类和桡足类的丰度较低。详见图 4-42。

大堤型湖滨带浮游动物平均生物量最高,为 5.12 mg/L;围网型为 1.05 mg/L;光滩型为 0.96 mg/L;圈圩型为 0.53 mg/L;河口型最低,为 0.41 mg/L。详见图 4-43。

Shannon-Weiner 指数(H')均值为 2.65,大堤型湖滨带指数最高,为 2.80;河口型最低,为 2.49。Margalef 丰富度指数(D)均值为 3.27,圈圩型湖滨带指数最高,为 3.69,大堤型最低,为 2.71。Pielou 均匀度指数(J)均值为 0.78,大堤型湖滨带指数最高,为 0.87,圈圩型最低,为 0.71。详见图 4-44。

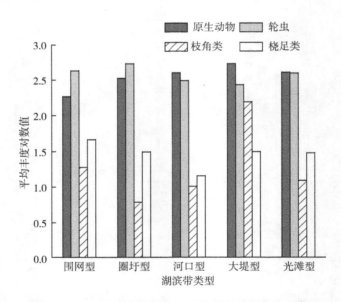

图 4-42　洪泽湖不同类型湖滨带浮游动物平均丰度

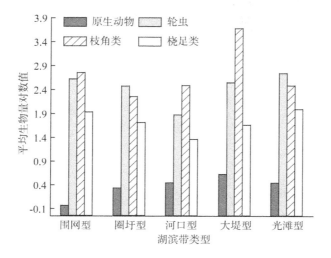

图 4-43　洪泽湖不同类型湖滨带浮游动物平均生物量

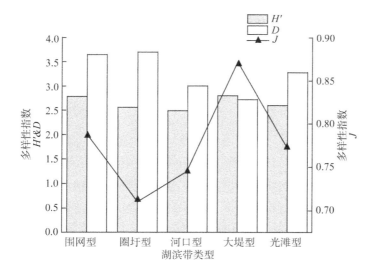

图 4-44　洪泽湖不同类型湖滨带浮游动物群落多样性

　　其中大堤型湖滨带浮游动物优势种最多,为 14 种,河口型 10 种,光滩型
11 种,围网型 11 种,圈圩型最少,为 9 种。洪泽湖湖滨带共有优势种有砂壳虫
属、萼花臂尾轮虫、剪形臂尾轮虫、曲腿龟甲轮虫、针簇多肢轮虫和圆筒异尾轮
虫。详见表 4-18。

表 4-18　洪泽湖湖滨带浮游动物优势种及优势度空间变化

优势物种		湖滨带类型				
		围网型	圈圩型	河口型	大堤型	光滩型
砂壳虫属	*Difflugia*	0.189	0.252	0.354	0.108	0.299
拟铃虫属	*Tintinnopsis*	—	—	—	0.043	—
大弹跳虫	*Halteria grandinella*	—	—	—	0.043	0.030
钟虫	*Vorticella*	—	—	0.045	0.069	0.024
侠盗虫	*Strobilidium*	0.027	0.035	0.030	0.069	—
囊坎虫	*Ascampbelliella*	—	—	—	—	0.024
萼花臂尾轮虫	*Brachuionus calyciflorus*	0.065	0.043	0.052	0.035	0.125
剪形臂尾轮虫	*Brachionus forficula*	0.048	0.135	0.052	0.022	0.045
角突臂尾轮虫	*Brachionus angularis*	0.072	0.045	0.037	—	0.048
镰状臂尾轮虫	*Brachionus falcatus*	—	—	0.069	—	—
曲腿龟甲轮虫	*Keratella valga*	0.161	0.129	0.067	0.039	0.048
针簇多肢轮虫	*Polyarthra trigla*	0.076	0.085	0.047	0.087	0.054
前节晶囊轮虫	*Asplanchna priodonta*	0.034	—	—	0.020	0.039
圆筒异尾轮虫	*Trichocerca cylindrica*	0.058	0.050	0.022	0.052	0.036
简弧象鼻溞	*Bosmina coregoni*	0.020	—	—	0.114	—
长额象鼻溞	*Bosmina longirostris*	—	—	—	0.022	—
无节幼体	Nauplii	0.053	0.027	—	0.027	—

4.6.4　湖滨带浮游动物差异驱动因子分析

通过前向选择对环境因子进行筛选,共筛选出 12 种对样点分布具有显著影响的环境因子。方差分解结果表明,水化学环境因子 DOC、PO_4、COD_{Mn} 对浮游动物丰度解释程度为 17%,其与食物饵料的交互作用解释了 14%;轮虫主要受到水化学环境因子及其与食物饵料的交互作用,总解释量为 32%;枝角类受水深、浊度和悬浮物这些物理生境环境因子的影响,解释程度为 22%,物理生境因子与水化学、食物饵料的交互作用总解释量为 36%;磷酸盐和 pH 值对桡足类丰度解释程度为 6%,风浪扰动和悬浮物与水化学的交互作用贡献率为 8%;枝角类和桡足类受食物饵料影响较小。Margalef 指数主要受水化学环境因子及其与物理生境因子的交互作用影响;Shannon 指数主要受到水体中悬浮物的影响及其与水化学、食物饵料的交互作用影响。

主成分分析和冗余分析结果表明,总氮、悬浮物、叶绿素 a、COD_{Mn}、DOC、水草盖度、pH 值、溶解氧、风浪扰动是湖滨带主要环境影响因子,与轮虫物种的空间分布具有显著相关性。方差分解结果表明,轮虫主要受到水化学环境因子及其与食物饵料的交互作用,枝角类受水深、浊度和悬浮物等物理生境因子的影响,磷酸盐、pH 值、风浪扰动和悬浮物与水化学的交互作用对桡足类有明显影响,生物多样性指数主要受水化学环境因子、物理生境因子、食物饵料的交互作用影响。

4.6.5 洪泽湖湖滨带浮游动物群落结构特征

洪泽湖湖滨带共采集到浮游动物 46 种,主要为原生动物和轮虫,其中成子湖西的浮游动物丰度和物种数最高,东部湖岸的平均生物量最高,淮河口的丰度和生物量最低。湖滨带浮游动物的优势种有砂壳虫属、萼花臂尾轮虫、曲腿龟甲轮虫和圆筒异尾轮虫,在洪泽湖湖滨带的各个区域都有分布;拟铃虫属和简弧象鼻溞是东部湖岸特有优势种,镰状臂尾轮虫是东北湖岸的特有优势种。从湖滨带类型来看,圈圩型、河口型湖滨带浮游动物均匀度最低,可能与较高的营养水平有关,东部大堤型湖滨带均匀度最高。

4.7 底栖动物群落结构

4.7.1 种类组成

本次共采集底栖动物 51 种,隶属 3 门 7 纲 17 目 26 科 44 属,从湖滨带调查结果看,昆虫纲种类最多,其次是双壳纲和腹足纲,物种数较高的样点集中在淮河入湖口和西北岸线,物种数较低的出现在东南岸线;出现率超过 10% 的种类共有 15 种,其中环节动物门 2 种,节肢动物门 6 种,腹足纲和双壳纲分别是 2 种和 5 种。在所有的底栖动物中,梨形环棱螺出现率最高,达 51.02%,铜锈环棱螺、苏氏尾鳃蚓、霍甫水丝蚓、河蚬次之,分别为 48.98%、46.94%、38.78% 和 26.53%,各样点物种数均值为 4.15,最小值和最大值分别为 1 种和 11 种。

4.7.2 空间格局

(1) 密度和生物量

湖滨带各点底栖动物总密度差别较大(图 4-45),最高达 1 386.67 ind./m²,最低为 6.67 ind./m²。湖滨带底栖动物群落空间差异显著,腹足纲的密度在西北岸线占优势,寡毛纲在南岸线占优势,腹足纲和双壳纲的生物量占绝对优势,寡毛纲和昆虫纲主要在淮河入湖口占优势(图 4-46)。

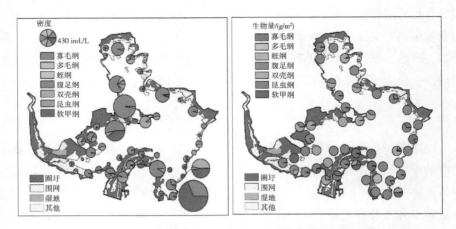

图 4-45　洪泽湖湖滨带大型底栖动物密度和生物量的空间格局

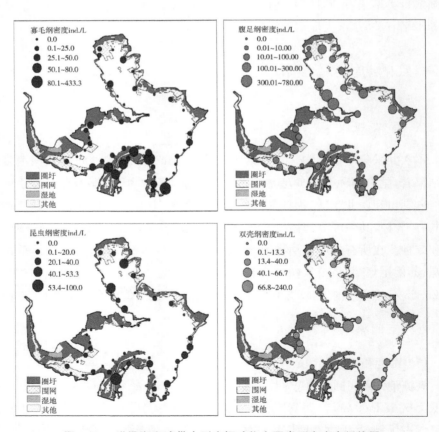

图 4-46　洪泽湖湖滨带大型底栖动物主要类群密度空间格局

（2）生物多样性

洪泽湖湖滨带大型底栖动物多样性较低（图 4-47），东南岸线的生物多样性较低，而淮河入湖口和西北岸线的生物多样性较高。Shannon-Wiener 指数均值是 1.09，最大值为 1.99；Margalef 指数均值为 0.73，最大值为 1.78；Simpson 指数均值为 0.58，最大值为 0.83，均匀度值主要在 0.7 和 1.0 之间波动。

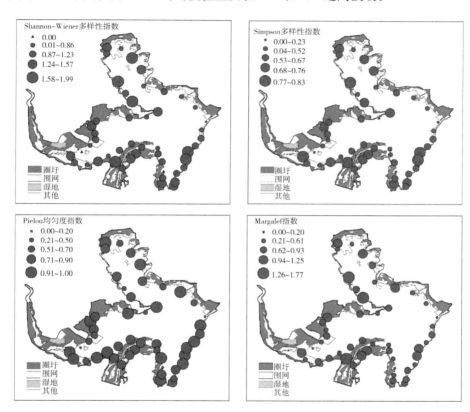

图 4-47　洪泽湖湖滨带大型底栖动物生物多样性的空间格局

4.7.3　不同类型湖滨带底栖动物差异

相似性百分比分析（SIMPER）结果（表 4-19）表明，造成洪泽湖不同湖滨带开发利用类型大型底栖动物群落结构差异的主要物种是腹足纲的梨形环棱螺（*Bellamya purificata*），其次为腹足纲的铜锈环棱螺（*Bellamya aerugino-sa*），寡毛纲的苏氏尾鳃蚓（*Branchiura sowerbyi*）、霍甫水丝蚓（*Limnodrilus hoffmeisteri*），双壳纲的河蚬（*Corbicula fluminea*）和软甲纲的大螯蜚（*Gran-*

didierella sp.），它们的总贡献率达 91.63%。

相似性检验（ANOSIM)结果表明,河口型和大堤型湖滨带与其他类型湖滨带的底栖动物群落均存在显著差异（$P < 0.05$),围网型、圈圩型和光滩型三种湖滨带类型之间的底栖动物群落差异均不显著（表 4-20)。河口型湖滨带的特征种为霍甫水丝蚓、苏氏尾鳃蚓和大鳌蜚;大堤型湖滨带底栖动物特征种为大鳌蜚、河蚬、多巴小摇蚊、苏氏尾鳃蚓、蜾蠃蜚和淡水壳菜;圈圩型湖滨带底栖动物特征种为梨形环棱螺、铜锈环棱螺、河蚬和霍甫水丝蚓;围网型湖滨带底栖动物特征种为梨形环棱螺、铜锈环棱螺和苏氏尾鳃蚓;光滩型湖滨带底栖动物特征种为铜锈环棱螺、锯齿新米虾、梨形环棱螺和苏氏尾鳃蚓。

表 4-19　洪泽湖不同类型湖滨带大型底栖动物相似性百分比分析

物种	贡献率/%				
	河口型	圈圩型	围网型	大堤型	光滩型
梨形环棱螺 （*Bellamya purificata*）	—	39.78	47.83	—	11.95
铜锈环棱螺 （*Bellamya aeruginosa*）	—	24.37	31.30	—	38.46
苏氏尾鳃蚓 （*Branchiura sowerbyi*）	28.77	—	12.36	7.34	11.66
霍甫水丝蚓 （*Limnodrilus hoffmeisteri*）	60.39	9.73	—	—	—
河蚬 （*Corbicula fluminea*）	—	18.84	—	20.34	—
大鳌蜚 （*Grandidierella* sp.）	3.77	—	—	44.76	—
多巴小摇蚊 （*Microchironomus tabarui*）	—	—	—	11.00	—
蜾蠃蜚 （*Corophium* sp.）	—	—	—	4.60	—
淡水壳菜 （*Limnoperna fortunei*）	—	—	—	3.67	—
锯齿新米虾 （*Neocaridina denticulata*）	—	—	—	—	35.34
总计	92.93	92.72	91.49	91.71	97.41

表 4-20　洪泽湖湖滨带大型底栖动物相似性分析

	河口型	大堤型	围网型	圈圩型	光滩型
河口型	—	85.33	82.49	82.78	83.88
大堤型	0.212	—	91.15	89.71	93.00
围网型	0.280**	0.361**	—	71.94	77.35
圈圩型	0.231	0.353**	−0.062	—	81.50
光滩型	0.256	0.283	0.166	0.203	—

注：上三角是 Bray-Curtis 不相似性系数，下三角是 R 值，** 为显著相关（$P<0.01$）。

4.7.4　湖滨带底栖动物差异驱动因子分析

DCA 分析结果显示第一排序轴为 5.24，表明更适宜使用单峰模型 CCA 排序分析，通过蒙特卡洛置换检验最终筛选出能够最大限度解释大型底栖动物群落变化的 7 个环境变量组合——pH 值、SD、TDN、浊度、SS、扰动指数以及水生植物盖度。CCA 分析的第 1 轴和第 2 轴的特征值为 0.68、0.32，分别解释了 39.93%、18.61% 的物种-环境变量。第一排序轴与水生植物盖度、pH 值、悬浮物和浊度相关性较高，第 2 排序轴与溶解态总氮和透明度相关性较高。从排序图上可以看出（图 4-48），光滩型、围网型和圈圩型湖滨带点位主要分布在

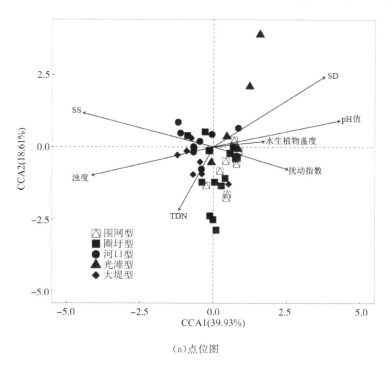

（a）点位图

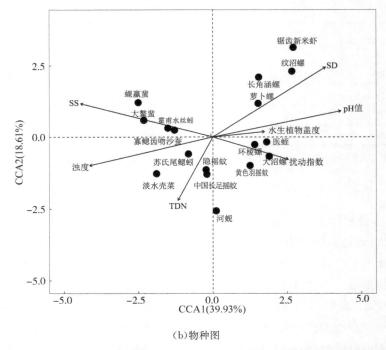

（b）物种图

图 4-48　湖滨带大型底栖动物群落结构与环境因子的典范对应分析排序图

第一轴的正半轴，河口型、大堤型湖滨带的点位主要分布在第一轴的负半轴。医蛭（*Hirudo* spp.）、纹沼螺（*Parafossarulus striatulus*）、环棱螺属一类受扰动指数影响较大，淡水壳菜受悬浮物的影响大，隐摇蚊（*Cryptochironomus* spp.）、霍甫水丝蚓、大鳌蜚、蜾蠃蜚（*Corophium* sp.）、苏氏尾鳃蚓、寡鳃齿吻沙蚕等受浊度和溶解态总氮的影响更大。

　　将不同宽度湖滨带开发利用百分比数据加入环境数据进行典范对应分析，结果表明 200 m 湖滨带下的环境-物种解释率最高（表 4-21）。GLM 主要筛选出总氮、水生植物盖度、溶解氧、电导率、SS、Chl-a、吹程、扰动指数、浊度、硝态氮（$NO_3^- - N$）对大型底栖动物评价指数有影响。基于 200 m 湖滨带开发利用数据，采用结构方程模型分析湖滨带开发利用如何影响大型底栖动物群落。从图中可以看出，天然水域和圈圩对营养盐、水生植物盖度有负影响，围网对水生植物盖度有负影响，对 Chl-a 有正影响；总氮对 BMWP 指数、BPI 指数、Goodnight-Whitely 指数有正影响；吹程对 BMWP 指数、Goodnight-Whitely 指数、底栖动物总类群数有负影响；湖滨带开发利用通过影响水体营养盐、水生植物盖度等影响了大型底栖动物群落。详见图 4-49。

表 4-21　不同宽度湖滨带典范对应分析的环境-物种解释率　　　　单位:%

	50 m	100 m	150 m	200 m	300 m	400 m	500 m	1 000 m
CCA1	29.51	29.60	29.17	29.71	28.61	28.45	27.64	27.35
CCA2	18.11	18.15	17.91	18.24	17.63	17.70	17.17	17.16
CCA3	15.38	15.44	15.30	15.53	15.43	15.62	15.14	15.00
CCA4	11.18	11.29	11.12	11.22	11.15	10.70	11.08	10.77
总和	74.18	74.48	73.50	74.70	72.82	72.47	71.03	70.28

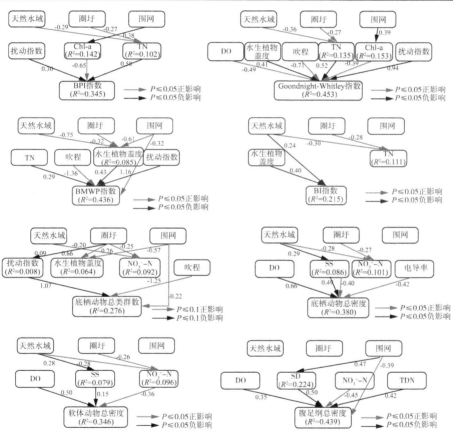

图 4-49　湖滨带开发利用和环境因子对大型底栖动物群落的影响的结构方程模型

　　总体来看,洪泽湖湖滨带大型底栖动物多样性较低,以耐污种为优势类群,表明湖滨带开发利用使洪泽湖湖滨带生态系统受到严重影响,生境退化严重。河口型湖滨带和大堤型湖滨带与其他类型湖滨带大型底栖动物多样性差异显著。这 2 种湖滨带类型大型底栖动物多样性指数都较低,寡毛类丰度值较高。

BPI 指数和 BMWP 指数更适合洪泽湖丰水期湖滨带水质生物学评价；200 m 宽度湖滨带开发利用的环境-物种解释率最高，洪泽湖生态保护应对 200 m 范围进行重点监测和保护。天然水域、圈圩、围网主要通过影响总氮、Chl-a、水生植物盖度、扰动指数、$N^-O_3 - N$、SS 和 SD 等间接影响大型底栖动物群落结构，而吹程对大型底栖动物群落结构有直接影响，但是影响扰动指数和吹程的环境因素尚不明确，还需要继续研究。

4.7.5　洪泽湖湖滨带底栖动物群落结构特征

洪泽湖湖滨带底栖动物共采集 51 种，隶属 3 门 7 纲 17 目 26 科 44 属，主要为昆虫纲的摇蚊科幼虫，双壳纲和腹足纲种类也较多，密度低值出现在东部大堤和成子湖东部湖滨带。底栖动物优势种多为耐污种，底栖动物多样性较低，表明人为活动导致洪泽湖湖滨带生态系统受到严重影响，底质生境退化。河口型湖滨带和大堤型湖滨带与其他类型湖滨带差异显著，这 2 种湖滨带类型多样性指数都较低，寡毛类丰度值较高；河口型湖滨带可能受到冲刷的影响，而大堤型湖滨带的连续性受到严重影响。湖滨带开发利用通过影响水体营养盐、水生植物盖度等生境条件进而影响大型底栖动物群落结构。

4.8　湖滨带生境质量评价与敏感因子识别

洪泽湖湖滨带的生境评价采用综合指数法进行。综合指数法是通过建立多层次、多指标的综合指数体系，对系统的生境状态进行定量的评价与比较。该方法因其基本原理简单，计算简便，结果可靠、直观，在生境评价中已经有相当广泛的应用。通过选取相关环境因子指标，对湖滨带的生境状况加以评价，分析不同生境对不同种类水生生物生长繁殖的影响程度，识别湖滨带生态环境关键敏感因子，能为湖滨带生物多样性的提升提供保障。

4.8.1　生境质量评价指标

将洪泽湖湖滨带生境评价指标体系设计成递阶层次结构，该结构由目标层、准则层和指标层构成。

（1）目标层

目标层用以反映生境的总体水平，用生境综合指数（*EHCI*）表示。*EHCI* 是根据准则层和指标层逐层聚合的结果。

（2）准则层

准则层从不同侧面反映湖滨带生境状况的属性和水平,是确定主要影响因子范围的关键构建层。借鉴湿地、河海岸带等类似的生态类型的评价方法,湖滨带的生境评价从水质指标、沉积物指标、物理指标 3 大类来设定。水质指标采用湖滨带的水质清洁状况;沉积物指标采用沉积物清洁状况;物理指标采用岸带自由水面率与水环境稳定性。

（3）指标层

指标层是在准则层下选择若干指标所组成。依据目的性、综合性、主导因子以及可操作性 4 项原则,选择能反映湖滨带生态变化趋势、涵盖全面且无重复、有主导性、可搜集和可统计的指标。按照准则层设定的 3 个方面,分别确定其包含的指标,共计 13 个指标:①水质状况指标共计 8 项,选用《地表水环境质量标准》(GB 3838—2002)中对湖库水质关注的高锰酸盐指数、总氮、总磷、氨氮、溶解氧 5 项主要指标,以及与湖泊水体状态密切相关的透明度和悬浮颗粒物 2 项指标,同时还采用了叶绿素 a 浓度值。沉积物状况选用总氮、总磷、总有机质 3 项作为评价指标。物理状况选用自由水面率与水动力扰动 2 项指标,其中自由水面率区域以洪泽湖管理范围线为边界,水向延伸 1 km。

根据以上原则确定的洪泽湖湖滨带生境评价指标体系如图 4-50 所示。

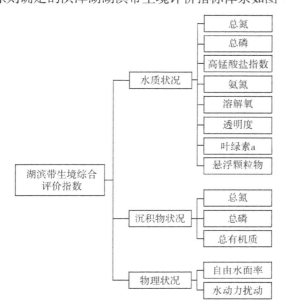

图 4-50　洪泽湖湖滨带生境评价指标体系

4.8.2 生境评价指标计算与评价标准

生境评价是建立在与参照标准对比基础上的,用来参照或比较的标准采用生态环境部已经制定的一系列环境保护标准,部分未统一标准指标选用本次调查去除异常值之后的最优值作为标准。表 4-22 列出了 13 项指标因子的参照标准值及其确定依据,参照标准值用 s_{ij} 来表示,即为 i 指标在 j 点位的参照标准。

表 4-22　洪泽湖湖滨带生境评价指标层参照标准 s_{ij} 及其依据

指标类型	指标因子	参考标准	选定依据
水质状况	总氮	1 mg/L	《地表水环境质量标准》(GB 3838—2002)Ⅲ类水体标准
	总磷	0.05 mg/L	
	高锰酸盐指数	6 mg/L	
	氨氮	1 mg/L	
	溶解氧	5 mg/L	中等营养标准(金相灿,屠清瑛.湖泊富营养化调查规范[M].第二版.北京:中国环境科学出版社,1990:240-241.)
	透明度	40 cm	
	叶绿素 a	10 μg/L	
	悬浮颗粒物	2.1 mg/L	
沉积物状况	总氮	0.231 8 mg/g	本次沉积物调查去除异常值后的最低值
	总磷	0.147 6 mg/g	
	总有机质	2 040.82 mg/g	
物理状况	自由水面率	100%	参照无人类活动干扰湖滨带
	水动力扰动	1.0	相对流速最小,受波浪干扰低

对洪泽湖湖滨带 56 个点位进行了全面的水质、底泥、生物、岸带情况调查,得到生境评价的基础数据。由于各指标的量级有很大的差别,不能直接进行计算,首先采取无量纲化处理,以便对各样本指标进行综合分析并使结果具有可比性。这里采用比值法进行数据的无量纲化处理,其计算公式为:

$$r_{ij} = x_{ij} / s_{ij} \tag{4-1}$$

$$r_{ij} = s_{ij} / x_{ij} \tag{4-2}$$

式中:x_{ij} 是 i 指标在采样点 j 的实测值;s_{ij} 是指标因子的参考标准。指标因子数值越小健康程度越好时,选用公式(4-1)来计算;反之则用公式(4-2)来计算。

对于各项指标的计算权重,本次调查采用专家打分法和熵值法两种方法的有机结合,使所确定的权重同时体现主观信息和客观信息。采用专家打分法确定准则层权重,熵值法确定指标层的权重,其中专家打分赋值参考《太湖湖滨带生态系统健康评价》(李春华等,2012)。最终得到的权重值如表 4-23 所示。

表 4-23　湖滨带生境评价体系层次设置及其权重

目标层 A	准则层 B(权重)	指标层 C	指标层 C 权重	
			C 层相对于 B 层权重	C 层相对于 A 层权重
湖滨带生境综合评价指数	水质状况 (0.353 8)	总氮	0.048 9	0.017 3
		总磷	0.109 1	0.038 6
		高锰酸盐指数	0.029 0	0.010 3
		氨氮	0.100 8	0.035 7
		溶解氧	0.135 2	0.047 8
		透明度	0.232 2	0.082 2
		叶绿素 a	0.338 2	0.119 7
		悬浮颗粒物	0.006 6	0.002 3
	沉积物状况 (0.294 8)	总氮	0.306 2	0.090 3
		总磷	0.192 4	0.056 7
		总有机质	0.501 3	0.147 8
	物理状况 (0.351 4)	自由水面率	0.316 0	0.111 0
		水动力扰动	0.684 0	0.240 4

各指标的无量纲化值和指标熵权确定后,代入下式,即可求得湖滨带生境评价熵权综合指数:

$$EHCI = \sum_{j=1}^{m} \left[W(CA)_i \times r_{ij} \right] \qquad (4-3)$$

式中:$EHCI$ 为湖滨带生境评价的综合指数值;$W(CA)_i$ 为 C 层指标因子相对于目标层 A 的权重;r_{ij} 为评价指标的无量纲化值,此处需满足 $0 \leqslant r_{ij} \leqslant 1$,大于 1 的按 1 取值。

湖滨带生境评价指数评级标准如表 4-24 所示。

表 4-24　洪泽湖湖滨带生境质量评价分级

分级	$EHCI$	生境评级
I	0.8～1.0	优秀
II	0.6～0.8	良好
III	0.4～0.6	一般

续表

分级	*EHCI*	生境评级
Ⅳ	0.2~0.4	较差
Ⅴ	0.0~0.2	差

4.8.3 生境质量评价结果

评价结果如图 4-51 所示：生境"良好"点位有 2 个；生境"一般"点位有 14 个；生境"较差"点位有 36 个；生境"差"点位有 4 个。从空间分布上看，四个湖区整体生境状态均为"较差"；其中成子湖区域生境状态相对最优，主要由于该处水流较缓、自由水面率高、水生植被丰富；过水通道区域生境状态最差，主要由于该区域水体流速较高、污染物浓度相对较高、不利于水生植物生存恢复。

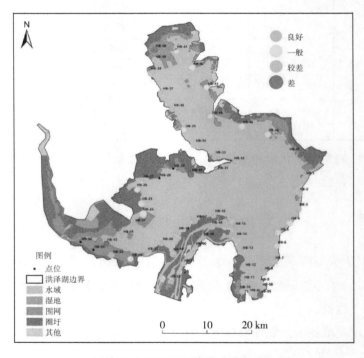

图 4-51　洪泽湖湖滨带生境评价图

分析生境较差的点位，发现点位受风浪扰动较大，无法提供适合生物生长繁殖的稳定生境，且往往受人类活动影响较大，自由水面率低，严重破坏了湖滨带生境，降低了湖滨带的自我调节能力。

4.8.4 生境敏感因子识别

湖滨带作为一个复杂的生态系统,不同指标和准则在维持湖滨带健康中发挥着不同的作用,它们对于修复湖滨带健康所起到的效果也不尽相同。因此,在固定其他因子不变的前提下,通过建立三角形[公式(4-4)]和梯形[公式(4-5)]隶属度函数将目标因子的值赋予模糊特征,转化为一个可进行模糊推理的模糊变量,并通过 Mamdani 模糊逻辑评价模型,将模糊变量从最差状态演算至最佳状态,得到评价结果随目标因子变化而改变的影响曲线和当前指标值的敏感度。敏感度最大的因子[公式(4-6)]为当前治理最有效的指标,具体公式如下:

$$f(x;a_1,b_1,c_1) = \begin{cases} 0 & x \leqslant a_1 \\ \dfrac{x-a_1}{b_1-a_1} & a_1 \leqslant x \leqslant b_1 \\ \dfrac{c_1-x}{c_1-b_1} & b_1 \leqslant x \leqslant c_1 \\ 0 & x \geqslant c_1 \end{cases} \tag{4-4}$$

$$f(x;a_2,b_2,c_2,d_2) = \begin{cases} 0 & x \leqslant a_2 \\ \dfrac{x-a_2}{b_2-a_2} & a_2 \leqslant x \leqslant b_2 \\ 1 & b_2 \leqslant x \leqslant c_2 \\ \dfrac{d_2-x}{d_2-c_2} & c_2 \leqslant x \leqslant d_2 \\ 0 & x \geqslant d_2 \end{cases} \tag{4-5}$$

$$S_i = \max(S_1, S_2, \cdots, S_n) \tag{4-6}$$

式(4-4)中:a_1 和 c_1 为三角形底边上隶属度为 0 的左右顶点;b_1 为三角形顶上隶属度为 1 的点。

式(4-5)中:a_2 和 d_2 为梯形下底边隶属度为 0 的顶点;b_2 和 c_2 为梯形上底边隶属度为 1 的顶点。

式(4-6)中:S_i 为第 i 个因子在影响曲线上现状值所处位置的切线斜率,即敏感度,此时第 i 个因子即为最敏感因子。

（1）指标层敏感因子识别

由于各个指标的论域不完全相同,为了方便比较敏感度的大小,将所有指标的论域等比例缩放到[0,100]内,得到各评价点位敏感程度最大的指标因子。根据识别结果,整个洪泽湖湖滨带的 56 个评价点位中,几乎所有评价点位的指标层敏感因子均为"总氮"和"悬浮颗粒物",仅 HB-22(溧河洼)和 HB-40(成子湖)等评价点位的指标层敏感因子为"自由水面率"。由于只是针对指标层单个目标因子的诊断,湖滨带整体的健康状况提升并不明显,评分未能超过 55 分(图 4-52)。"总氮"、"悬浮颗粒物"和"自由水面率"评价结果较差,未来的改善潜力较大,因此最敏感指标多与这两个指标层相关。从敏感性分析结果来看,进一步加强对入湖河流氮磷营养物的管控、削减,降低湖滨带水体悬浮颗粒物、提高透明度是针对除 HB-22 和 HB-40 外其他区域提升湖滨带健康状况评价的最有效指标方向,HB-22 和 HB-40 评价点位则可将提升湖滨带自由水面率作为提升湖滨带健康状况评价的最有效指标方向。

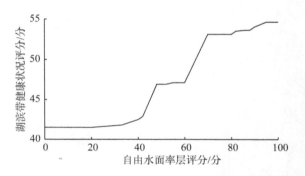

图 4-52   HB-22 评价点位自由水面率层敏感性曲线

(2)准则层敏感因子识别

根据对洪泽湖湖滨带各评价点位敏感程度最大的准则层因子的评估识别结果,由于每一个准则层因子涵盖多个指标,整体湖滨带的健康提升虽较指标层因子明显,但评分也未能超过 65 分。识别结果显示,几乎所有湖滨带评价点位敏感度最大的准则层为"水质状况",其次是"沉积物状况",HB-14(淮河口)和 HB-52(淮干)等评价点位的最大准则层敏感因子为"物理状况",其中 HB-14 的物理状况层高敏感性曲线可见图 4-53。从敏感性分析结果来看,改善湖滨带"水质状况"是湖滨带健康状况提升的潜在指标,同时由于沉积物中存储着大量的营养物质及其他污染物,因此湖滨带"沉积物状况"改善也需要额外的关注;同时,基于 HB-14 和 HB-52 等评价点位的评价结果,改善"物理状况"亦是洪泽湖湖滨带生态修复中需重点关注的方向。

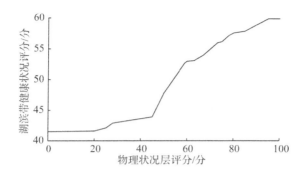

图 4-53　HB-14 评价点位物理状况层敏感性曲线

4.9　洪泽湖湖滨带生态问题诊断

（1）湖滨缓冲区和水域开发利用强度大

遥感解译与实地调查结果发现，湖滨 5 km 缓冲区耕地、坑塘、建设用地占比分别为 65.02%、19.32%、10.36%，总计为 94.7%，林地、草地等占比不足 5% 表明湖滨缓冲区开发利用强度大，相关研究也表明农业面源污染是洪泽湖水环境安全面临的重要威胁。洪泽湖蓄水范围内有大量圈圩和围网，2020 年自由水面面积为 1 332.2 km²，自由水面率为 74.8%，大面积圈圩围网分布于成子湖、溧河洼等湖区，破坏了湖滨带的自然生境和生态屏障，削弱了其净化能力，对湖滨带生态产生巨大压力。

（2）入湖河流水质差，湖滨带富营养化程度高

洪泽湖入湖河流中，优Ⅲ水质河流比例仅 54%，维桥河、赵公河、南淮泗河、老场沟等水质为Ⅴ类或劣Ⅴ类，超标因子主要是高锰酸盐指数、化学需氧量、氨氮、总磷，表明河流水质有机污染较为严重。洪泽湖湖滨带水质营养盐含量较高，其中 TN 浓度普遍处于Ⅴ类、劣Ⅴ类水平，严重影响了湖泊水质，制约了湖滨带生态功能，同时增加了湖泊蓝藻水华暴发的风险。

（3）浮游植物群落单一，蓝藻优势度高，部分水域水华严重

洪泽湖湖滨带浮游植物密度以蓝藻和绿藻占优，藻细胞平均密度为 907.61 万个/L，已初具藻类水华发生条件。调查结果显示，由于水体营养盐高、水动力条件弱，成子湖浮游植物密度和生物量显著高于其他湖区，且成子湖东岸水华较为严重，生态系统退化严重。

（4）湖滨带生境条件较差，水生植被分布面积缩减，群落退化

生境评价结果表明，湖滨带高强度开发利用、高营养水平、风浪扰动强烈、人类活动强烈等因素导致生境适宜性低，东部大堤段湖滨带沉水植物恢复适宜性差，成子湖东岸高营养水平和蓝藻水华导致水生植物群落单一，溧河洼长期围垦导致富含有机质，限制植被自然恢复，缩减水生植被分布面积，局部湖区水生植物分布面积降幅超过 20％；植物群落优势种由清水型物种向耐污型物种转变。

（5）湖滨带生态系统结构单一化，综合服务功能衰减

湖滨带存在高强度的开发利用、入湖河流水质差、湖滨带水体高营养水平等诸多影响因素，导致了湖滨带生境适宜性低、生态系统结构单一等问题，综合造成了成子湖蓝藻水华偶有暴发、底栖动物优势种转变为耐污型物种、水生植被群落退化等现象。这大大削减了洪泽湖湖滨带的供给、调节、支持和文化等服务功能，严重威胁了洪泽湖湖滨带的水源涵养、水资源供给、生态自净，阻碍了洪泽湖湖泊生态系统的健康发展。

5 洪泽湖典型退圩还湖区湖滨带空间重构与生境优化

5.1 总体技术思路

在湖滨带调查的基础上，依据《江苏省洪泽湖退圩还湖规划》，确定洪泽湖退圩还湖区湖滨带空间位置，基于湖滨带生态系统和陆域缓冲区调查的结果，判断退圩还湖区湖滨带不同斑块的生态环境特征，包括后方陆域开发利用现状、水文水动力条件、水质、地形条件、水生植被现状、底质生境等特征，分析不同区域湖滨带面临的主要问题，确定不同区域的功能定位和修复目标，划分退圩还湖区湖滨带修复类型，并针对不同类型提出空间重构与生态修复技术方案(图 5-1)。

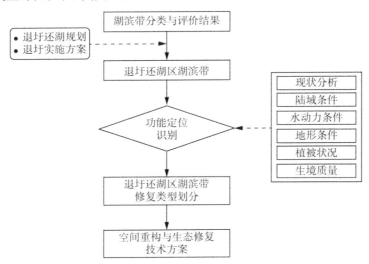

图 5-1　退圩还湖区湖滨带空间重构与生态修复技术思路

5.2 退圩还湖区湖滨带类型

5.2.1 退圩还湖区分布

根据《江苏省洪泽湖退圩还湖规划》等文件要求,洪泽湖退圩还湖既要落实相关法律、法规、规划的要求,还要考虑区域防洪、供水、水质改善、生态保护等功能的恢复,也要考虑到湖区实际情况、解决历史遗留问题等。因此,依据相关资料调查及历史成因分析,退圩还湖规划提出 1995 年之前成圩的 48 个圩区单独处理,分为一类;1995 年之后成圩的分为一类进行处理。根据上述分类及调查,1995 年之前成圩的 48 个圩区圈围程度高,圩内设施复杂,圩堤建设标准高,定义为堤圩,主要包括了大扬台圩、汴头圩、临淮南圩、七七圩、新滩圩等圩区;除此之外,部分迎湖挡洪堤堤线调整,满足区域防洪要求,主要包括了龙集镇南侧迎湖堤、高咀东、勒南圩、勒东南圩等,具体情况见表 5-1、图 5-2。1995 年之后成圩的圈围程度低,圩内实施简单,圩埂建设标准低,定义为埂圩,主要包括了老子山片、溧河洼片等埂圩,具体情况见表 5-2。

表 5-1   1995 年前成圩的 48 个堤圩处理情况表

位置		堤圩			面积 /km²	处理方式	难以清退 /km²	堤线调整 /km²
区/县	镇	编号	名称	成圩时间				
泗洪县 (24)	临淮	24	大扬台	1983—1993 年	5.83	清退还湖	2.0	
	临淮	25	汴头	1983—1993 年	4.58	部分清退	0.23	
	临淮	26	临淮南圩	1966 年	6.88	难以清退	6.88	
	临淮	27	小台子	1970 年	0.28	清退还湖		
	临淮	28	临头南	1983—1993 年	0.22	清退还湖		
	临淮	49	临头北	1983—1993 年	0.07	清退还湖		
	半城	139	濉河东	1972 年	2.32	清退还湖		
	龙集	141	徐洪河口	1978 年	0.24	清退还湖		
	龙集	144	候西	1969 年	0.23	清退还湖		
	龙集	145	候南	1970 年	0.90	清退还湖		
	龙集	149	小红星南	1971 年	0.84	清退还湖		

续表

位置		堤圩			面积/km²	处理方式	难以清退/km²	堤线调整/km²
区/县	镇	编号	名称	成圩时间				
泗洪县(24)	龙集	150	东风南	1972年	1.35	堤线调整		0.5
	龙集	153	应山南	1975年	1.33	堤线调整		
	龙集	154	红旗南	1974年	0.95	堤线调整		
	龙集	155	孙庄西南	1973年	0.96	清退还湖		
	龙集	160	孙庄南	1972年	1.09	清退还湖		
	成河	161	高咀	1967年	0.57	清退还湖		
	成河	162	高咀南	1983—1993年	0.06	清退还湖		
	成河	163	高咀东	1983—1993年	0.46	堤线调整		0.46
	成河	164	勒南	1969年	0.30	堤线调整		0.30
	成河	165	勒东南	1978年	0.35	堤线调整		0.35
	半城	379	半北	1966年	3.25	清退还湖		
	界集	130	后新	1971年	0.39	清退还湖		
	曹庙	134	庙集	1983—1993年	0.59	清退还湖		
宿城区(4)	中扬	188	河西	1978年	0.92	清退还湖		
	中扬	189	肖河西	1977年	1.72	清退还湖		
	中扬	190	马化河西	1977年	2.38	清退还湖		
	中扬	191	朱马圩	1983—1993年	2.26	清退还湖		
泗阳县(4)	众兴	191	朱马圩	1983—1993年	0.73	清退还湖		已批复处理(1.65 km²)
	高渡	213	园圩	1993年	0.56	清退还湖		
	高渡	221	高松河西	1965年	3.68	清退还湖		
	裴圩	222	高松河东	1983年	0.23	清退还湖		
	黄圩	236	黄泗圩	1983—1993年	0.45	清退还湖		
淮阴区(1)	韩桥	240	手枪	1983—1993年	1.00	清退还湖		
洪泽区(6)	顺河	281	七七圩	1977年	6.90	部分清退	5.18	
	老山	343	滑皮滩	1978年	2.98	清退还湖		
	老山	344	建设渔北	1979年前	1.03	清退还湖		
	老山	345	顺河滩	1969年	2.72	清退还湖		
	老山	346	建设渔场	1979年前	0.87	清退还湖		
	老山	347	根北	1983—1993年	0.39	清退还湖		

续表

位置		堤圩			面积 /km²	处理方式	难以清退 /km²	堤线调整 /km²
区/县	镇	编号	名称	成圩时间				
盱眙县 (9)	三河农场	298	洪一	1983—1993 年	0.26	清退还湖		
	三河农场	299	洪二	1983—1993 年	0.32	清退还湖		
	三河农场	300	洪三	1983—1993 年	0.13	清退还湖		
	三河农场	301	洪四	1983—1993 年	0.03	清退还湖		
	观音寺	313	无名	1983—1993 年	0.33	清退还湖		
	河桥	365	新滩	1983 年	1.43	部分清退	0.4	
	官滩	370	圣山	1978 年	2.92	清退还湖		
	夜滩	372	侍涧	1966 年	0.52	清退还湖		
	鲍集	10	大谢	1983—1993 年	7.98	清退还湖		
合计		48			76.80		14.69	1.61

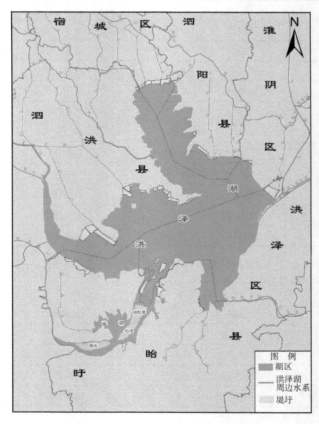

图 5-2　堤圩(48 个圩区)位置示意图

表5-2 埝圩处理情况表

序号	分片名称	面积/km²	处理方式
1	溧河洼片	39.21	清退
2	临淮南片	3.89	清退
3	陈圩、半城片	43.27	清退
4	龙集片	27.55	清退
5	界集、太平片	2.34	清退
6	宿城片	9.05	清退
7	泗阳片	23.67	清退
8	淮阴、西顺河片	12.66	清退
9	鲍集、管镇、明祖陵北	8.77	清退
10	明祖陵东片	3.97	清退
11	兴隆、淮河镇、盱城、明祖陵南	31.52	清退
12	老子山片	54.28	清退
13	官滩、三河农场片	9.65	清退
14	观音寺片	0.52	清退
合计		270.36	

5.2.2 退圩还湖区湖滨带生态修复类型

综合洪泽湖水系、地形条件、陆域开发利用现状、入湖水质、湖滨带水质、生境类型、水生植被现状、底质生境及环湖文化遗址及旅游资源等(图5-3、图5-4)，结合湖滨带生态系统特征，分析不同退圩还湖区湖滨带的修复需求，将退圩还湖区湖滨带共划分为入湖污染拦截型、湖滨湿地型、生态廊道型、亲水景观型、过水泄洪型、水源地保护型6种修复类型，并确定其功能定位和修复目标。

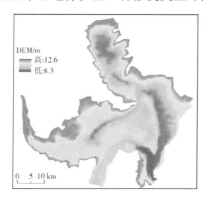

（a）水下地形

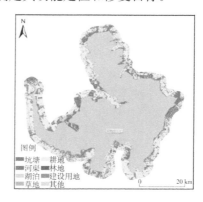

（b）缓冲区开发利用

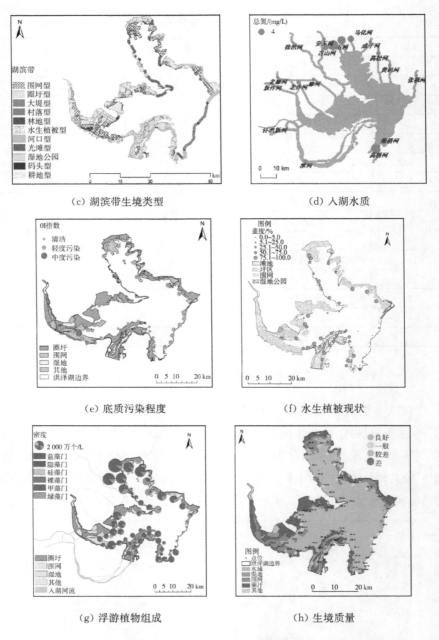

（c）湖滨带生境类型　　　　　　　　（d）入湖水质

（e）底质污染程度　　　　　　　　（f）水生植被现状

（g）浮游植物组成　　　　　　　　（h）生境质量

图 5-3　洪泽湖湖滨带生态环境特征

（1）入湖污染拦截型

划分原则是位置处于入湖河口周边,水质一般较差,营养盐浓度和高锰酸盐指数较高,受陆域农田面源污染和水产养殖污染较为严重,对湖滨带水质威胁较大。该类型功能定位为削减入湖污染源,保障入湖水质,目标为构建入湖口湿地与前置库,改善水质。

(2)滨湖湿地型

划分原则为非河口、非集镇等一般圩垸,面积较大,主要是坡度较缓的圩垸养殖区和已有环湖文化遗址及旅游资源的区域。其功能定位为构建完整的湖

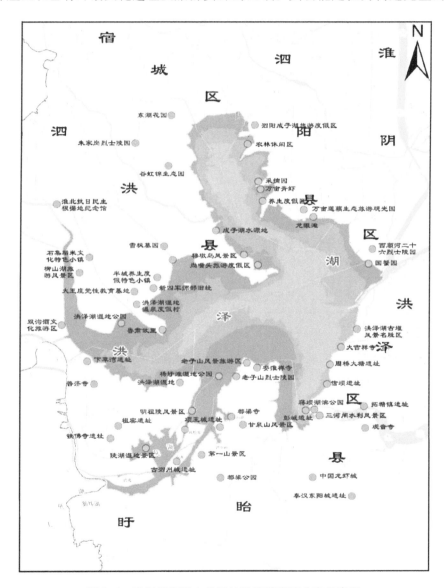

图5-4 洪泽湖环湖文化遗址及旅游资源分布示意图

滨带生态系统,维持湖泊水质,修复目标是恢复挺水—浮叶—沉水植物全系列植被带。

（3）生态廊道型

主要针对狭长形退圩还湖区,其功能定位为提供水生生物迁移、栖息的廊道,修复目标是构建湖滨带空间连接的湿地斑块与物质交换、能量流动的通道。

（4）亲水景观型

划分原则为后方 1 km 陆域范围内有大型城镇或大型村落居民点,以满足居民和公众景观休闲和幸福河湖建设需求。其主导功能为人文景观、休闲观光,修复目标是打造亲水景观与宜居滨岸,建设人与自然协调的景观带。

（5）过水泄洪型

主要针对入湖水量大的河口退圩还湖区,以保障行洪为第一位,修复目标是在满足行洪泄流以及通航前提下,恢复滩地植被。

（6）水源地保护型

划分原则为退圩还湖区附近 1 km 范围内有重要水源地,功能定位为保障饮用水安全,修复目标是构建清水草型生态系统,深度改善水质。

基于上述划分原则,对洪泽湖退圩还湖区湖滨带进行划分,形成生态修复总体布局方案（表 5-3、图 5-5）。

表 5-3　洪泽湖退圩还湖区湖滨带生态修复类型及划分依据

修复类型	功能定位	修复目标	划分原则
1 入湖污染拦截型	削减入湖污染源,保障入湖水质	构建入湖口湿地与前置库,改善水质	入湖河口附近区域（淮河口除外）,水质较差、河流密集、对湖滨带水质威胁较大的区域
2 亲水景观型	人文景观、休闲观光等	打造亲水景观与宜居水岸,注重人与自然协调	后方 1 km 陆域范围内有大型城镇或大型村落居民点,满足景观休闲和幸福河湖建设需求,考虑空间布局合理性,如双沟镇、鲍集镇、临淮镇、龙集镇北面、卢集镇等
3 滨湖湿地型	完整的湖滨带生态系统	恢复挺水—浮叶—沉水植物全系列植被带	非河口、非集镇等一般圈圩;主要是坡度较缓的圈圩养殖区和种植区
4 水源地保护型	保障饮用水安全	构建清水草型生态系统,深度改善水质	退圩还湖区附近 1 km 范围内有重要水源地。已知有 2 个水源地:泗洪县成子湖龙集水源地,泗阳县成子湖卢集水源地
5 生态廊道型	提供水生生物迁移、栖息的廊道	构建湖滨带空间连接的湿地斑块与物质交换、能量流动的通道	狭长形退圩还湖区,为不同斑块之间生物、物质、能量提供迁移通道

续表

修复类型	功能定位	修复目标	划分原则
6 过水泄洪型	保障洪泽湖行洪	在满足行洪泄流以及通航前提下,恢复滩地植被	入湖水量大的河口,以保障行洪为第一位,如淮干入湖区域的圩垾

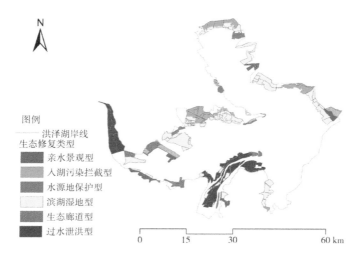

图例

—— 洪泽湖岸线

生态修复类型

■ 亲水景观型
■ 入湖污染拦截型
■ 水源地保护型
□ 滨湖湿地型
■ 生态廊道型
■ 过水泄洪型

0   15   30   60 km

图 5-5   洪泽湖退圩还湖区湖滨带生态修复类型布局

5.3   退圩还湖区空间重构与生境优化技术

洪泽湖退圩还湖工作的主要内容是清退湖区圩堤,扩大湖区自由水面面积,恢复湖区水体自净能力,提升湖区水质条件,同时促进湖区的供水、防洪、水生态等能力的提高。洪泽湖退圩还湖实施后,新生湖滨带的生态修复工作直接影响退圩还湖工程的实施成效。

湖滨带生态修复需遵循生境改善先行的原则,参照水生植物生物生理学特征和适生生境条件规划生态系统的修复措施,营造水生植物适宜生境,控制湖滨带内、外围污染源,修复湖滨生境,为湖滨带生态修复创造条件。退圩还湖最大限度还原湖滨带自然地形特征,围垦清退将产生大量多余土方,弃土资源的合理利用有助于改善湖滨带生境特征。结合新生湖滨带地形地貌和水文特征,通过对弃土资源再利用的深入研究,从以下几方面来加以合理、科学的综合利用,解决弃土处置的问题。

洪泽湖退圩还湖规划实施后,迎湖挡洪堤迎水侧前非法圈圩的堤、埝被清退还湖,迎湖挡洪堤将直接面向水面,部分圩堤堤身单薄矮小,迎湖侧无防护,部分堤段高程甚至不足 15.0 m,顶宽不足 4 m。因此从防洪角度出发,弃土资源的利用需要充分与洪泽湖周边滞洪区迎湖挡洪堤建设工程相结合。此外,从岸滩生态修复角度出发,利用多余的弃土,在迎湖堤近岸设置缓坡带,既利于洪泽湖近岸带的生态修复和景观美化,又可减缓洪水对迎湖堤的直接冲刷。除上述两种弃土利用方式外,多余土方还可以在湖区内选择适宜区域营造浅滩,避免大面积占用滞洪区,同时浅滩还可以削减湖滨带冲刷强度,用于生境异质化构造和区域生态景观打造等。

根据不同特征、不同地理位置的圩区具有的不同的生态退化特征,通过湖滨带地形重构与生境重塑,营造近自然湖滨带生境,提高生境多样性,改善空间异质性,为野生动植物群落的成功定植和生态系统的稳定性奠定基础。洪泽湖退圩还湖工作的主要内容是清退湖区围堤,扩大湖区自由水面面积,恢复湖区水体自净能力,提升湖区水质条件,同时有利于湖区的供水、防洪、水生态等能力的提高。洪泽湖退圩还湖实施后,新生湖滨带的生态修复工作直接影响退圩还湖工程的实施成效。

5.3.1　生态河口技术

洪泽湖的水质基本上取决于入湖河道,入湖河道水质的好坏将直接影响到洪泽湖生态系统的演变。入湖河道是洪泽湖水体污染控制与治理的关键区域,科学合理地对入湖河道的河口进行治理及生态修复,对于洪泽湖的水质保护、强化净化具有重要意义。河口生态治理应全面考虑入湖河道水文、断面和平面形态等多因素的综合影响,尽可能采用生态滨岸带,减少混凝土等硬质材料的使用。同时,还应在保证河道防洪等基本功能的前提下,提高生境异质性,改善河口生态系统结构与功能。

基本原理:该技术以恢复入湖河流水环境功能要求为目标,针对高氨氮、总磷水质特征以及入湖过程和广阔河口区等地貌特征,形成"湖滨湿地—前置库—浅滩"生态河口修复集成技术,营造厌氧和好氧交替生境,强化湿地自养脱氮除磷净化过程,实现对入湖污染物的高效去除和水域的生态修复。

工艺流程:河口生态修复技术包括生态拦截区和强化净化区。生态拦截区是指在河流水进入湖区的前端,对河口底泥内源负荷进行评估,通过环保疏浚的方法,有效清除底泥中的各种污染物,如营养盐、有毒有害有机物等,并对疏浚的底泥进行异味安全处置,从而改善基底环境。通过疏浚营造河口深潭,营造河口前置库,有效调节来水在前置库的滞留时间,促进污染颗粒物的拦截和沉降。强化净化区主要采用湖滨带边坡改造和河口浅滩营造,并种植大型挺水植物,建成自然湿地,主要依靠土壤吸附、植物吸收和颗粒物自然沉降对水质进行净化。河口浅埂外形设计为弧形,利于把入湖河水导入生态浅滩,使流经的水体与土壤和植物充分接触,增加土壤吸附能力和植物吸收的面积,延长水力停留时间,增强湿地的净化能力。

关键技术:提出湖滨湿地—前置库—浅滩一体化河口水质改善技术。通过改造河口地形地貌,提高生境的异质性,营造厌氧和好氧交替生境,提高微生物多样性,提高生态拦截区和强化净化区逐级脱氮除磷能力。

主要技术指标:主要适用于退圩还湖区重污染入湖河口。前置库底高程宜小于 10 m,浅滩顶高程小于常水位 12.5 m。平水期水中的 SS 将削减 30% 以上,TN、TP、COD$_{Mn}$ 等污染物数量将削减 20% 以上。经处理后大部分水质指标可以提高一个数量级。

典型案例分析:江苏某湖泊入湖河口生态修复的工程方案为生态河道+自流进水+调蓄缓冲区+生态净化处理区+生态稳定区的组合方案。其中,河道上游来水先经由生态河道进行污染物的初步拦截和净化,生态河道的出水直接流入调蓄缓冲区,进水呈自流方式。在调蓄缓冲区内,河水的水质、水量经过调节后进入生态净化系统,即生态拦截区、强化净化区和深度净化区。其中,生态拦截区主要由高密度布置的植物带(芦苇、菖蒲等)组成,强化净化区内设置多级生态回廊、太阳能水生态修复系统,辅以漂浮性植物等,深度净化区主要由水生植物构成。最后是生态稳定区,区内布置沉水植物、螺、蚌、鱼类等。

该工程占地面积约 2.3 km^2,库容为 2 375 000 m^3,总停留时间为 5~8 d,处理规模达到 47 万 m^3/d。主要工程有前置库库区湖底清淤工程,库区水下地形构建工程和水生植物恢复工程。工程运行管理主要包括以下内容:①定期清淤:本技术的调蓄缓冲区为主要的淤积部位,需要定期进行清淤,清淤频度为 2年一次。其他净化区清淤视实际淤积情况,3~5 年清淤一次。②水生生态系统维护:本工程区内设计了多种水生植物并投放了一定量的鱼、螺类和蚌等水生动物,需要人工定期维护。主要工作为及时收集和清理水生植物和动物残体,保持前置库良好的水环境和自然景观。工程建成后污染物浓度下降明显,TN 下降 47.7%,TP 下降 29.1%,COD$_{Mn}$ 下降 28.3%(表 5-4),污染负荷削减35% 以上。研究显示在主要入湖河口构建控制和处理入湖污染物的前置库,以拦截进入湖的污染物,削减入湖污染负荷,可显著改善湖区水环境质量,前置库可成为湖泊上游污染有效屏障。

表 5-4　示范工程运行效果

监测点位	TN	TP	COD_{Mn}
工程入口/(mg/L)	4.65	0.241	6.0
工程出口/(mg/L)	2.43	0.171	4.3
下降比例/%	47.7	29.1	28.3

5.3.2　生态岸坡技术

生态湖滨带既可有效削减上游面源污染,又能高效净化湖水水质。通过采取工程措施,维护基底的稳定性,结合湿地生物恢复技术,最大限度恢复湖滨带湿地面积。受湖内风浪影响,湖区现状部分区段护岸出现损坏。同时,洪泽湖退圩还湖规划实施后,迎湖护岸迎水侧前圈圩的堤、埝全部清退还湖,迎湖护岸将直接面向湖区风浪。因此,随着洪泽湖退圩还湖的推进,洪泽湖湖滨带的加固和生态修复方案对湖区生态系统的健康发育极为重要。

基本原理:湖滨带近自然生态修复技术是根据湖泊陆域到水域,结合各区域现状及问题,分别采用适宜的技术体系,包括生态坡比设计和生态护坡技术,将退圩还湖弃土资源的利用与迎湖挡洪堤建设工程进行有机结合。通过利用弃土资源,在迎湖堤近岸设置缓坡带,既利于洪泽湖近岸带的生态修复和景观美化,又可减缓洪水对迎湖堤的直接冲刷。植物一般按陆生生态系统向水生生态系统逐渐过渡的完全演替系列设计。水生植物考虑选择一些有水质净化功能的植物,净化水质,岸边选择有色彩的植被,丰富岸线轮廓和色彩。最终形成地域空间上有机衔接、生态结构上合理延续、污染有效削减的生态屏障。

工艺流程:依据洪泽湖风浪特性,计算各个片区的风浪冲刷强度,结合各个片区圈圩清退土方量进行综合考虑。设计合理的湖滨带滩地高程,在迎水侧运用缓坡形式进行生态岸滩的塑造。对冲刷强烈的湖滨辅以抛石消浪等技术,为区域内整体水生植物恢复和演替创造适宜的条件,构建近自然滩地,配置乡土物种,构建健康的湖滨带,有效截留地表径流。

关键技术:①陆向污染控制技术,利用退圩还湖的清退土方,尽可能营造缓坡,构建湖滨缓冲带防护隔离林带,最大限度截留上游污染物。②近自然型湖滨带生境改善技术,研究退圩还湖下的风浪计算、现场调研及破坏机理分析等。

南京水利科学研究院针对洪泽湖风浪特性及护岸生态修复方案开展了研究。通过本次研究,针对护岸修复方案典型断面各部位的稳定性进行了验证,并提出了相应的优化,为洪泽湖护岸生态修复提供技术支撑。

主要技术指标:主要适用于退圩还湖湖滨带。从区域防洪角度出发,弃土资源的利用需要充分与洪泽湖周边滞洪区迎湖挡洪堤建设工程相结合。清退土方量小,滩坡比采用1:5;清退土方量大,岸滩坡比可采用1:15~1:10。对风浪冲刷强烈湖区,湖滨带水陆交错区应抛石护底,护底段宽度不小于8 m,厚度不小于0.5 m。对生态景观要求高的湖滨带,可充分利用湖滨带独特的湿地景观,进行必要的园林与景观设计,为公众生态休闲、科研及科普教育提供良好场所。

典型案例分析:研究洪泽湖退圩还湖下的风浪特征,为洪泽湖护岸的空间重构提供技术支撑。图5-6至图5-8分别给出了14.5 m水位和13.5 m水位条件下,现状条件与退圩还湖条件各区段设计波要素的对比情况。

图5-6 退圩还湖条件下波浪计算点位置示意图

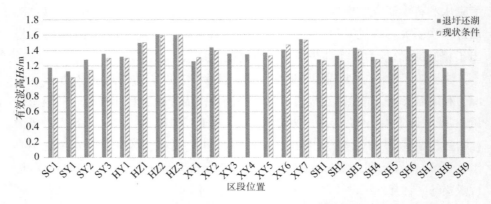

图 5-7　现状条件与退圩还湖条件各区段设计波要素对比（14.5 m 水位）

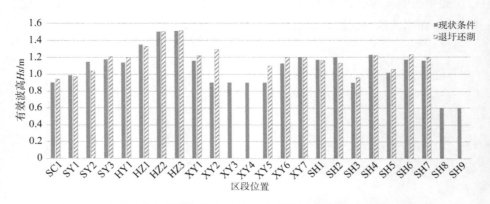

图 5-8　现状条件与退圩还湖条件各区段设计波要素对比（13.5 m 水位）

受退圩还湖影响，湖区风区变长、岸线掩护减小，各区段设计波要素基本均有所增加，个别区段波浪主要作用方向略有改变。

在 14.5 m 水位条件下，各区段设计波要素平均增加 3.72%。其中，宿城区 SC1 段和泗阳县 SY2 段受退圩影响较明显，设计波要素增加幅度较大，分别为 13.46% 和 12.28%。淮阴区 HY1 段和洪泽区 HZ1～HZ3 段岸线基本不变，设计波要素仅略有增加，最大增幅为 1.54%。盱眙县 XY1 段和 XY6 段由于岸线后移，水深变浅，这两处区段设计波要素有所减小，减小幅度分别为 3.82% 和 4.08%。泗洪县 SH1～SH7 段设计波要素均有不同程度增大，其中 SH5 和 SH6 段由于退圩范围较大，风区变长较明显，设计波要素增加幅度较大，变化幅度分别为 9.17% 和 7.41%；SH2 和 SH7 段受退圩影响相对较小，设计波要素变化幅度分别为 5.56% 和 5.22%；SH1、SH3 和 SH4 段设计波要素略有增加,变化幅度分别为 1.59%、3.62% 和 2.34%。

在 13.5 m 水位条件下,由于退圩后堤前底高程抬高造成极限波高发生改变,该区段设计波要素较退圩还湖前有所减小;堤前底高程改变较小的区段则由于湖区风区变长、岸线掩护减小等原因,设计波要素较退圩还湖前有所增大。

泗洪县 SH6 段原设计方案断面结构采用 1:10 生态缓坡,缓坡及堤脚不做防护措施,通过在缓坡上部种植植物来固坡。但由于植物生长的不确定性,且湖区内待修复区段的风浪较大,护坡及堤脚处存在淘刷的可能,对护岸整体稳定可能产生一定的影响。同时,1:10 生态缓坡需要回填较多土方,占用湖区面积。

针对以上问题,泗洪县 SH6 段优化方案 1 将 1:10 生态缓坡替换为 1:5 斜坡,且采用石笼袋对坡面进行防护,单个石笼的尺寸为 3 m×2 m×0.3 m。下部向湖区一侧铺设≥30 kg 抛石护底,护底段宽度 8 m,厚度 0.5 m。

盱眙县 XY3 段原设计方案中未对堤脚采取防护措施,在湖区风浪长期作用下可能存在堤脚淘刷,进而影响到护岸的整体稳定。针对盱眙县 XY3 段原设计方案存在问题,优化方案 1 在下部堤脚向湖区一侧铺设≥30 kg 抛石护底,护底段宽度 8 m,厚度 0.5 m。

5.3.3 生态浅埂技术

风浪对近岸基底的淘蚀,以及水位剧烈波动是洪泽湖湖滨带退化的主要原因。洪泽湖退圩还湖规划实施后,迎湖护岸迎水侧前圈围的堤、埂全部清退还湖,迎湖湖滨带将直接面临水土流失和反复干湿交替等环境胁迫,严重阻碍湖滨带植物群落的健康发育。通过保留和改造部分圩埂,改善湖滨带地形地貌,维护基底的稳定性,促进湿地生物恢复。

技术原理:针对水动力扰动引起底质悬浮导致水体透明度降低、影响沉水植物恢复的问题,对底质地形结构进行改造,利用退圩还湖区现有堤埂,通过物理改造实现底质稳定、水体透明度提升,研发基于适宜退圩还湖湖滨带的低成本稳定基地—抑制悬浮—提升透明度的起伏式湖滨带基底抑悬浮技术。

工艺流程:科学布局临岸退圩还湖的堤埂,在满足退圩还湖总体规划的前提下,将少量堤埂改造成浅埂,不仅解决了弃土去留问题,减少了滞洪区占地,还可以削减湖滨带冲刷强度,并为下一步湖区生态修复和景观建设提供了必要的基础条件。也可利用退圩还湖的弃土,营造浅滩链,构造芦苇荡和水上森林等生境,提高动植物物种多样性。

关键技术：通过对湖区水文水动力的分析，保留部分临岸堤埂，确定最适堤埂高程，形成水下浅埂，有效削减风浪扰动强度，改善水环境的稳定性，促进水生植物的快速繁殖。浅埂可增强湖滨带水生植物缓解水位剧烈波动胁迫的能力：高水位条件下，浅埂上水生植物可以获取更多的光满足正常的生长；低水位条件下，浅埂可拦截部分湖水，避免水生植物缺水枯萎。

主要技术指标：主要适用于风浪冲刷强烈的退圩还湖湖滨带的生态修复。浅埂顶部高程较常水位低 0～50 cm。浅埂或浅滩不应布置在滞洪区优先滞洪区域（一级滞洪区）附近，避免影响滞洪区正常滞洪。应避开行洪通道，不影响洪泽湖出入湖河道正常行洪、排涝。浅埂应布置在航道保护范围外，不得影响湖内航道正常通行。

典型案例分析：研究多种浅埂改造模式的生态修复成效。设计五组基底改造模式，分别为光板对照组、木桩基底改造组、起伏式基底改造组、间隔板折流基底改造组、绿植草毯基底改造组（图 5-9）。通过调节流速，模拟风浪大小，探究不同底质改造模式对底质悬浮物和水体透明度的影响作用。

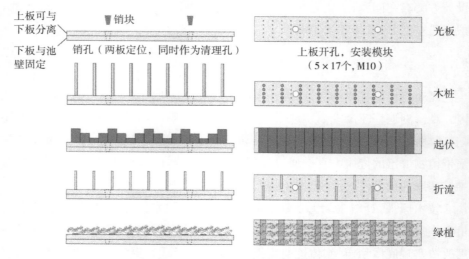

图 5-9　五组模拟底质结构改造模式

由五组模拟组在不同流速下的 SS 浓度和水体透明度结果可以看出，不论何种流速下，木桩基底改造组均有最好的抑制底质悬浮效果（最低 SS 浓度）、透明度最好；间隔板折流基底改造组和绿植草毯基底改造组透明度具有相近的结果，在低流速下具有较好的抑制底质悬浮效果、透明度较好，高流速下相对较差。但绿植草毯基底改造组 SS 浓度相对较低，可能是因为植物对悬浮物的吸附作用;起伏式基底改造组 SS 浓度及透明度一般;光板对照组则表明对无任何措施的底质,较大的流速(较大的风浪)即可引起底质悬浮,造成水体透明度降低,影响植物生长恢复(图 5-10)。

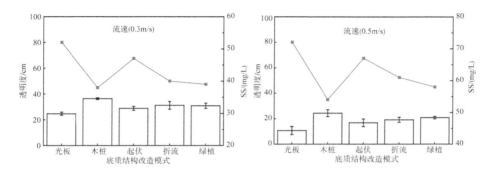

图 5-10 不同底质结构改造模式在不同流速下 SS 浓度和透明度变化

安装木桩可对抑制底质悬浮、提升透明度起到较好的作用,但成本较高,适宜植物种子库或水体重点保护区域;绿植草毯基底改造在低水位波动下具有较好效果,较能兼顾成本和透明度提升效果,适宜湖泊环境较佳,植物容易恢复的区域;起伏式基底改造成本最为低廉,且均有一定的抑制底质悬浮、提升透明度的作用。若湖泊环境不佳,植物难以恢复,则比较适宜起伏式基底改造。鉴于此,圩区堤埂拆除过程中,对部分临岸堤埂不进行全部拆除,仅削除堤埂顶部土壤,使得堤埂顶部高程低于常水位(12.50 m),形成水下浅埂或浅滩,有效削减风浪扰动强度,改善水环境的稳定性,促进水生植物的快速繁殖。

浅滩或浅埂不应布置在滞洪区优先滞洪区域(一级滞洪区)附近,避免影响滞洪区正常滞洪。应避开行洪通道,不影响洪泽湖出入湖河道正常行洪、排涝。浅埂选择应布置在航道保护范围外,不得影响湖内航道正常通行;应选择合理,尽量就近布置,堆高合理,降低工程投资。浅滩位置与清退区距离的远近,对工程投资有直接影响,因此在布置浅滩时,应与地方充分沟通,合理选择位置。浅滩应根据地方县、区圩内清除土方量合理布置,做到县、区内相对平衡。

利用退圩还湖土方,在满足上述浅滩布置原则的前提下,将少量堤埂改造成浅埂,不仅解决了弃土去留问题,减少了滞洪区占地,还可以削减湖滨带冲刷强度,为下一步湖区景观建设和生态修复提供了必要的基础条件。利用退圩还湖土方,营造浅滩链,构造芦苇荡萤火虫生态栖息地、水上森林等生境,提高动植物物种多样性,可应用于高强度围垦湖滨带的生态修复。

5.4 典型退圩还湖区空间重构与生境优化技术方案

5.4.1 入湖污染拦截型

　　洪泽湖的水质基本上取决于入湖河道,河道是洪泽湖水体污染控制与治理的关键区域,科学合理地对入湖河道的河口、湖滨带进行治理及生态修复,对于洪泽湖的水质保护、强化净化具有重要意义。入湖河道的水生态治理应在保证河道防洪、航运、灌溉等基本功能的前提下,充分考虑生态环境、水质净化、亲水近水等需要。入湖河道湖滨带的生态修复,应充分考虑湖滨带宽度和植物种类等因素,以充分发挥其功能。湖滨带宽度需要根据坡度和围垦弃土量等因素进行综合规划,再根据实际情况进行乔、灌、草的合理搭配,采用以灌、草为主的植物在农田附近阻沙、滤污,布置根系发达的乔、灌木保护岸坡和滞水消能。植物配置既要符合原有的生态结构,又要充分利用乡土植物和当地优势物种,择优选取自维持效果及生态效果好的植被,减少人工维护需求。健康的河口湖滨带既可有效削减面源污染,也可降低湖泊内源污染。

　　入湖河道携带的污染物是这类湖滨带水体的一个主要污染源,养殖废水的排放、农业面源污染(老子山镇、官滩镇等)是淮安片区水质差的另一个主要原因。该类型湖滨带以成子湖北侧入湖河口(五河)为例(图5-11、图5-12),此区域湖滨带圩埂宽度大于1 800 m,退圩还湖清退土方量大;水质为地表水Ⅴ类;受围网堤埂阻隔的影响,水体流动性差;植物以漂浮性植物为主,生物多样性较低;此外大量渔船停靠在河道两侧,船舶油污和生活污水持续排入水体;湖滨带坡度较缓,陆向土地以农业种植为主,面源污染较为严重。

　　空间重构与生境优化方案一:堤前生态修复区清退后圩埂底高程13.0～13.5 m;水向湖滨带离坡脚150～200 m范围内保留一道与大地平行的堤埂,堤埂高度为12.5 m;水向湖滨带离坡脚350～400 m范围内保留一道与大地平行的堤埂,堤埂高度为12.0 m;其余堤埂全部清退至现状滩面。营造湖滨带多级湿地,平水期和枯水期可增加水力滞留时间,减缓上游来水进入,提高水体净化能力,减少湖区污染负荷。在入湖河口处分别设置泥沙沉淀池,同时在河口两侧布置生态浅滩,营造近自然河口洲滩湿地。详见图5-13、图5-14。

　　空间重构与生境优化方案二:针对盛行风下风向的湖滨带,可设计生态护坡,减少风浪冲刷。堤前生态修复区清退后圩埂底高程13.0～13.5 m;堤埂拆除土方用于修建大堤岸坡和浅滩。在坡脚抛掷块石、人工预制块体等,形成既具有防护能力又具生态功能的多孔隙结构体。详见图 5-15。

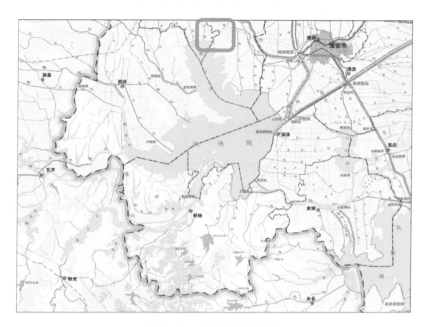

图 5-11　五河位置示意图

图 5-12　五河入湖口圩区现状

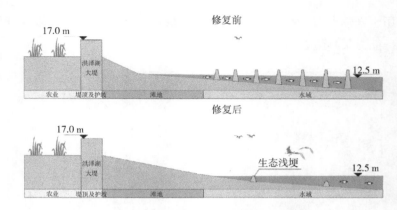

图 5-13　五河入湖污染拦截型湖滨带生态修复示意图

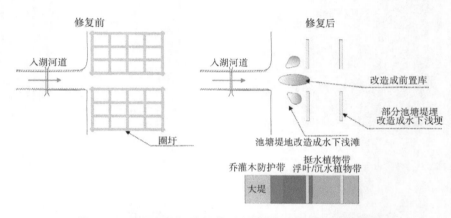

图 5-14　五河入湖污染拦截型湖滨带生态修复平面布置图

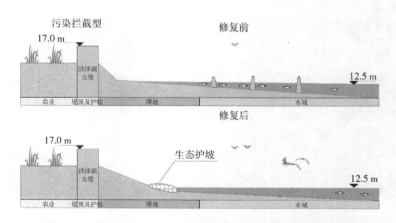

图 5-15　溧河洼北侧入湖污染拦截型湖滨带生态修复示意图

5.4.2　湖滨湿地型

　　湖滨湿地型湖滨带存在的大规模围网养殖(临淮镇、半城镇等)、农业面源污染(城头乡、陈圩乡、石集乡等)带来了过剩的营养盐,丰富的营养盐为藻类大量繁殖提供物质基础,因而造成该区较为严重的水污染,同时周边村镇及渔民生活污水的排放(城头乡、陈圩乡、石集乡等)等是该类片区水质差的另一个主要原因。该类型湖滨带以成子湖东北侧桂嘴为例(图5-16、图5-17),此区域围垦宽度小于500 m,退圩环湖清退土方量少;水质为地表水劣Ⅴ类,残留堤埂阻碍水体交换,水面漂浮丝状蓝藻,沉水植物严重衰退;湖滨带坡度较缓;陆向土地利用以农业为主,面源污染严重。这类湖滨带修复目标是减少面源污染,提高湖水水质净化能力。

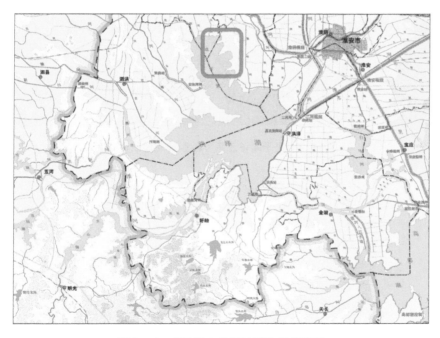

图5-16　成子湖东北侧桂嘴位置示意图

　　空间重构与生境优化方案一:结合洪泽湖退圩还湖工程的实施,利用清退土方修建缓坡和营造生态浅滩,浅滩顶部高程12.5 m。浅滩不仅可恢复湖滨生态湿地、保障堤防安全、解决湖泊生态清淤和拆除池塘圩堤土方,而且可以提高生境空间异质性(图5-18)。

空间重构与生境优化方案二:湖滨带可保留部分与大地垂直的池塘堤埂修成丁字坝,丁字坝顶部高程 12.5 m。丁字坝不仅可恢复湖滨生态湿地、保障堤防安全、解决湖泊生态清淤和拆除池塘圩堤土方,而且可以提高生境空间异质性(图 5-19)。

图 5-17　成子湖东北侧桂嘴退圩还湖区现状

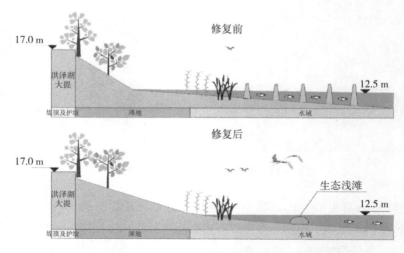

图 5-18　成子湖东北侧桂嘴湖滨湿地型(缓坡型)生态修复示意图

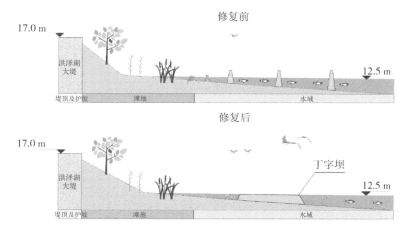

图 5-19　成子湖中游东侧沿岸带湖滨湿地型湖滨带生态修复示意图

5.4.3　生态廊道型

　　根据《江河湖泊生态环境保护系列技术指南》要求,湖滨带整体上应保持高连通性,每 10 km 被人为建(构)筑物中断(>100 m)不应超过 2 处,中断处应尽量通过宽度大于 30 m 的绿色廊道连接。结合洪泽湖退圩还湖现状,通过多种生态修复措施,因地制宜选择区域建设生态廊道工程,沟通连接空间分布上较为孤立和分散的生态单元,提高生物多样性,提供过滤污染物、防止水土流失、防风固沙、调控洪水等生态服务功能,打造洪泽湖生态廊道的示范工程。

　　该类型湖滨带以龙集镇尚嘴头为例(图 5-20)。此区域水向埂圩宽度小于500 m,地表Ⅴ类水。位于盛行风下风向,水体冲刷强度高。挺水植物呈斑块状分布。陆向土地利用以农业为主。堤前圩埂底高程 13.0～13.5 m。这类湖滨带修复目标是充分发挥生态廊道的主体功能——供野生动物移动、生物信息传递的通道。

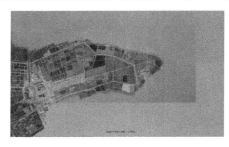

图 5-20　龙集镇尚嘴头湖滨带现状

空间重构与生境优化方案一：为有效削减风浪，促进生态廊道植被的快速发育，离岸 100～200 m 处利用现有圩堤构建水下浅滩，高程为 12.5 m，以营造多样生境；其余堤埂全部清退至现状滩面，堤埂拆除多余土方用于大堤浅滩构建（图 5-21）。

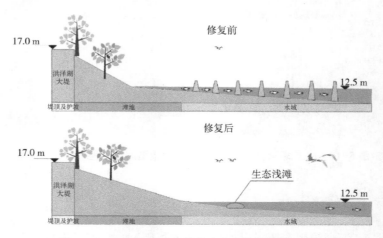

图 5-21　生态廊道型湖滨带生态修复方案一示意图

空间重构与生境优化方案二：对湖滨带存在边坡坍塌的，宜先对边坡进行加固处理，有条件的采用抛石消浪或进行生态堤岸改造。为拓宽生态廊道宽度，提高生态廊道质量，水向湖滨带离坡脚 150～200 m 范围内保留两道与大地平行的堤埂用于构建生态浅埂，浅埂顶高程削至 12.5 m 和 12.0 m；其余堤埂全部清退至现状滩面，堤埂拆除多余土方用于大堤浅滩构建（图 5-22）。

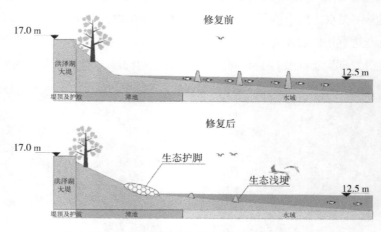

图 5-22　生态廊道型湖滨带生态修复方案二示意图

5.4.4 亲水景观型

围网养殖(高渡镇、裴圩镇等)、农业面源污染(卢集镇、中扬镇、高渡镇等)和周边乡镇、渔民、旅游度假地生活污水的排放等是宿迁北片区水质差的主要原因;宿迁北为洪泽湖的一个湖湾,水体流动性差,交换周期较长,水生植物覆盖度高,水生植物死亡前没有进行打捞,是水质较差的另一个原因。该类型湖滨带以临淮镇南侧为例(图5-23、图5-24),此区域围垦宽度大于2 000 m,退圩环湖清退土方量大;水质为地表Ⅴ类水质,残留围网堤埂阻碍水体交换;沉水植物严重衰退,漂浮植物恶性增殖,局部出现沼泽化现象;湖滨带坡度较缓,陆向土地利用以农业和住宅为主。这类湖滨带修复目标是营造开阔视野,提高湖水的可亲近性,改善湖滨带景观,并降低面源污染入湖负荷。

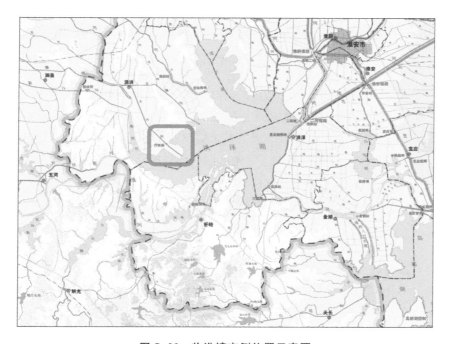

图 5-23　临淮镇南侧位置示意图

空间重构与生境优化方案一:为丰富景观效果,营造生境多样化,提高生物多样性。堤前生态修复区清退后圩埂底高程13.0~13.5 m;其余堤埂全部清退至现状滩面,堤埂拆除多余土方用于大堤浅滩构建。滩地坡度可上下波动3度,营造蜿蜒岸线(图5-25)。

图 5-24　临淮镇南侧退圩还湖区湖滨带现状

空间重构与生境优化方案二：水向湖滨带离坡脚 150～200 m 范围内保留两道与大地平行的堤埂，形成消浪浅滩。浅埂顶高程为 12.5 m，生态浅滩既减缓波浪冲刷，又带来生态自然的景观效果。其余堤埂全部清退至现状滩面，堤埂拆除多余土方用于大堤浅滩构建。对于风浪冲刷强度较高的地区，宜在水位变幅区及其附近区域设置砌石、石笼等具有植物恢复或生长条件的多孔隙护坡结构，通过零散抛掷大块石或人工预制构件，在坡脚位置构筑抛石护脚结构体(图 5-26)。

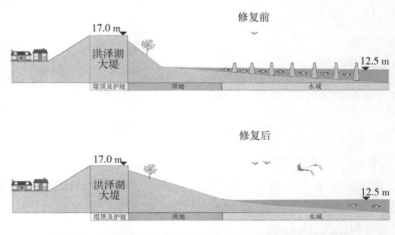

图 5-25　临淮镇南侧亲水景观型(缓坡型)生态修复示意图

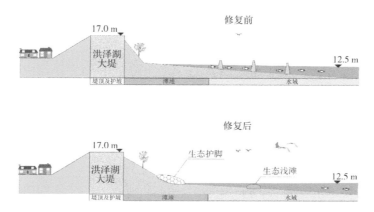

图 5-26 双沟镇东侧亲水景观型(陡坡型)湖滨带生态修复示意图

5.4.5 过水泄洪型

这类湖滨带修复目标是优先保证泄洪安全,确保周边居民的健康与安全;然后采用合理的生态修复方法,提高湖滨带生态系统的完整性。对湖滨带存在边坡坍塌的,宜先对边坡进行护坡处理,采用抛石消浪或进行生态堤岸改造;对稳定的湖滨带,宜结合消浪构筑物的布置,通过零散抛掷大块石或人工预制构件,营造鱼类或其他水生动植物栖息繁衍的合适环境条件(图 5-27)。

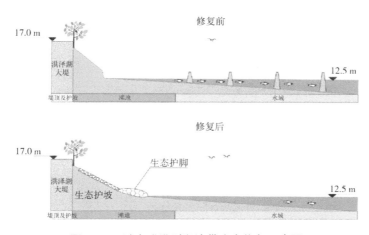

图 5-27 过水泄洪型湖滨带生态修复示意图

5.4.6 水源地保护型

水源地保护型修复方案按照饮用水水源地建设和生态修复要求确定。

6 洪泽湖典型退圩还湖区湖滨带生态修复与功能优化提升

6.1 退圩还湖区湖滨带生态修复模式

坚持生态优先、保护优先、自然恢复为主的方针,遵循自然生态系统的整体性和系统性,以洪泽湖生态环境系统的修复为目标,以洪泽湖水环境保护、水生态治理、生物多样性保护、岸线清水需求等为重点内容,结合国家、省内及沿湖周边地区相关政策和规划,针对洪泽湖区域水生态面临的突出问题,以生态基础设施建设、近自然生态化技术和景观生态学方法,依据堤岸形状面积、湖滨带水位水动力和土壤与植被条件,兼顾湖滨带的景观功能,采用陆向乔-灌-草植被带、陆向灌-草湿生带等种群结构形式,恢复湖滨带植被的结构与功能,构造水生动物栖息地,合理配置水生动物,修复湖滨生态系统,提高湖滨生态系统的抵抗力稳定性与恢复力稳定性。

湖区湖滨带生态修复遵守湖滨地质发育特点,遵循湖滨带水-陆生态系统的作用及演化规律,利用人工水位调控,充分发挥自然修复的能力。对湖滨带自然状态良好的区域进行保护,避免对其进行干预或干扰。坚持以湖滨带生态功能保护为主,同时兼顾利用湖滨带对流域面源及点源污染进行生态拦截与生物转化,促进近岸浅水区水生植物恢复。生态修复应充分利用本土物种,防止外来种入侵,避免生态风险。

岸坡带植被修复主要考虑种类选择、布置、种植等,结合湖滨带退圩还湖后的场所特性,因地制宜进行布置。植物配置既要符合原有的生态结构,又要充分利用乡土植物和当地优势物种,择优选取维持效果及生态效果好的植被,减少人工维护需求。通过构建湖滨带生态湿地,实现控制农业面源污染及优化湖滨带生态环境等主要目标,同时改善湖滨带生物多样性状况与景观功能。

湖滨带由湖泊的水位变幅带和水向辐射带共同组成,其生态修复主要通过水生植被的人工恢复、种群置换进行,从而加快湖滨带生态系统的演替过程。根据湖滨带水深和水生植物生存条件的变化情况,通常按水深由浅入深分为乔灌木带、挺水植物带、浮叶植物带和沉水植物带四个功能带来进行修复。在自然界中,由于各类水生植物的水深条件无明显界线,挺水植物带、浮叶植物带和沉水植物带通常会有交叉重叠。

(1)挺水植物带

进行修复时应布设于湖泊的水位变幅带中,通常为水深 0~1.5 m 范围的浅水区域,具体情况根据选取的挺水植物习性确定。在选取植物种类的同时也要考虑不同湖泊底质、水质等外部条件的影响。

国内较为典型的挺水植物有芦苇、水葱、香蒲、茭草、荷花等。其中芦苇植株高大、根系发达,对水体中营养物质有较高的吸收能力,常被用作湖滨带修复和人工湿地净化水体的主要物种。

(2)浮叶植物带

浮叶植物根部生长在水域的底泥中,叶片浮于水面上,对水深的适应性较挺水植物稍好。通常浮叶植物可适应的水深在 2 m 左右,具体情况视不同种类而定。此外,在湖滨带生态修复时,可种植一定量的漂浮植物,其整个植株漂浮于水面,对水深没有特殊要求,适应性较高。

浮叶植物较为常见的有睡莲、菱、芡实、荇菜以及水葫芦等。其中睡莲花色鲜艳亮丽,常被用作改善生态景观之用。水葫芦在富营养化水体中极易泛滥,破坏正常生态结构。

(3)沉水植物带

沉水植物是指植物体全部位于水层下面固着生活的大型水生植物。由于其对水深的适应性比较复杂,在设计时需考虑两个重要因子,即光照条件和水体透明度。一般而言,沉水植物分布于较浮叶植物更深的水域。沉水植物多为带状或丝状,常见的有眼子菜、苦草、金鱼藻、狐尾藻、黑藻等。

湖滨带生态修复空间布局:湖滨带的生态修复通过乔灌木带、挺水植物带、浮叶植物带和沉水植物带的构建来进行,其由湖泊的水位变幅带和水向辐射带组成,它的空间布局需要根据湖盆的地质地貌进行配置。几个功能带种植的植被受水深地形和风浪条件的限制,所以它们之间的空间关系相对简单,由外至内依次过渡或受地形限制使某一带或两带缺失,从而形成全系列或半系列的演替。

湖滨带生态全系列修复：乔灌木带—挺水植物带—浮叶植物带—沉水植物带。在湖泊的湖盆边缘地形平缓时基本可以采用全系列修复方式，由外至内依次为乔灌木带、挺水植物带、浮叶植物带、沉水植物带。由于水深对不同类型的水生植物的存活起到决定性作用，所以应在地形和水位条件明确无误的前提下进行植物配置。

此外，湖泊局部地区地形可能因退圩还湖地形改造产生突变，存在乔灌木带、挺水植物带、浮叶植物带、沉水植物带之间空间布局紊乱的情况，需根据实际情况适当调整各带布设位置。

洪泽湖湖滨带生态半系列基本可以分为以下三种情况：乔灌木带—挺水植物带—浮叶植物带；乔灌木带—挺水植物带；挺水植物带—浮叶植物带。上述三种情况分别缺失沉水植物带、浮叶植物带或者乔灌木带，其主要限制因素为湖泊的湖盆地形地貌和水文水动力，具体采用何种布局方式，则需根据地形的变化而选择。

6.2 退圩还湖区湖滨带植物恢复适宜性分析

湖泊富营养化所引起的营养富集和水下光照减少会显著影响湖泊生态系统的结构和功能、沉水植物多样性以及物质循环过程。同时，水体富营养化也会使湖泊从沉水植物占优势的清水稳态向浮游植物占优势的浊水稳态转变。沉水植物作为浅水湖泊主要的初级生产者，在维持湖泊清水稳态过程中起着十分重要的作用。它们可以通过多种正相互作用来维持和提高周边生态环境，这些相互作用形成了正反馈循环：①更多的沉水植物可以有效地消减风浪所导致的底泥再悬浮，提高水体透明度，有利于沉水植物生长和扩散；②更多的沉水植物可以给浮游动物提供庇护所，减少其被鱼类捕食概率，增强其对浮游植物的"下行效应"，提高水体透明度，有利于沉水植物生长和繁殖；③更多的沉水植物会和浮游植物竞争水中的光和营养，从而抑制藻类生长，提高水体透明度，有利于沉水植物生长和生物量累积；④沉水植物释放化感物质抑制藻类大量增殖，提高水体透明度，促进沉水植物生长。任何影响沉水植物清水稳态正反馈维持的因素都可能会引起沉水植物衰退，如：水体氮、磷等营养的过度输入，尤其是氨氮的直接毒害作用；浮游植物、附着生物和水体悬浮物的遮蔽作用导致的水下光照可利用性减少；浅水湖泊风浪扰动和水位变化；有毒藻类大量繁殖产生的藻类毒素对沉水植物的毒害作用。

沉水植物衰退所引起的清水稳态向浊水稳态的转变具有明显的突变特征

和迟滞效应:清水稳态和浊水稳态的转换发生在相对较短的时间内;要恢复到原先的清水稳态,必须将外界干扰程度削减到远低于突变前的水平。草型生态系统退化过程伴随着一系列生态系统组分的改变:①沉水植物生物量和多样性降低;②浮游植物和附着生物大量增殖,水体透明度降低;③生态系统中食物网关系简化,食物链变短;④底栖动物生物量和群落丰富度降低。因此,深入了解草型生态系统退化的关键影响因素,对理解淡水生态系统结构和功能的维持以及沉水植物衰退和演替的机制有着十分重要的科学意义。

6.2.1 水生植物恢复的底质适应性分析

洪泽湖挺水植物恢复主要选择芦苇、香蒲,因此底质条件要适合其生长。依据底质调查数据,参考文献相关研究的参数进行分析,结果显示:总氮含量范围为 110～5 200 mg/kg,适宜含量为 500～2 900 mg/kg;总磷含量范围为 11～980 mg/kg,适宜含量为 300～600 mg/kg;有机质含量范围为 0.4%～3.5%,适宜含量为 1%～3.5%。对比洪泽湖数据(湖滨带沉积物 TN 含量范围为 0.23～2.15 g/kg,均值为 0.98 g/kg;TP 含量范围为 0.12～0.41 g/kg,均值为 0.28 g/kg;总有机质含量范围为 2.04%～18.08%,均值为 10.93%),氮磷含量适合挺水植物生长,有机质含量较高,不利于其生长发育,容重偏高,表明底质偏硬。但是芦苇主要种植于沿岸带,该地带有机质含量较低,适合芦苇生长。香蒲一般生长在水较深区域,其耐污能力要大于芦苇,因此总体上大部分水域底质条件是适合芦苇和香蒲生长的。详见表 6-1。

表 6-1　芦苇立地底质理化特性与洪泽湖底质比较

区域	总氮/(mg/kg)	总磷/(mg/kg)	有机质/%
天津七里海芦苇等水生植物带	1 320	470	1.21
太湖西部生态修复区域	512	372	
小兴凯湖河口芦苇等水生植物带	188～831	181～431	0.27～1.77
黄土种植芦苇实验	722	289	1.01
疏浚底泥芦苇种植	480	536	
辽宁自然湿地	秋 3 600～5 200 冬 2 900～4 300		
辽宁自然湿地	934		0.91
辽宁自然湿地			0.4～3.5

区域	总氮/(mg/kg)	总磷/(mg/kg)	有机质/%
辽宁自然湿地		11～781	
黄河三角洲	110～670	430～760	
珠江河口	1 230～2 365	275～600	
薰草、芦苇自然湿地	567～1 920	440～980	
洪泽湖(均值)	230～2 150(980)	120～410(280)	0.2～1.80(1.09)

沉积物的营养程度取决于沉积物中的氮、磷、有机质的形态和含量。不同沉积物营养对三种沉水植物生长的影响研究结果中,在高底质营养(0.054% N,0.073% P)处理下,苦草、大茨藻、黑藻的生物量、叶绿素含量、水体溶解氧量均高于低底质营养处理组(0.04% N,0.06% P)。这表明中营养水平沉积物充分满足黑藻的正常生长,低营养水平沉积物下黑藻生物量积累较低,高营养水平沉积物对黑藻前期的生长有利。苦草、竹叶眼子菜对相对贫瘠的生土有较强的适应性,金鱼藻、黑藻不适宜在贫瘠底泥中生长(陈开宁等,2006)。中营养底泥(碳 31.59～49.27 mg/kg、氮 330～2 000 mg/kg、磷 95～131 mg/kg)更适合沉水植物生长,过高或过低营养都不利于沉水植物生长(何文凯等,2017)。

底泥氨氮起始质量分数<50 mg/kg 和<500 mg/kg 时可以分别促进苦草和伊乐藻(*Elodea nuttallii*)生长,大于此范围则会产生抑制作用(朱伟等,2006)。底质适应性强弱顺序为:黑藻>菹草>微齿眼子菜(马梦洁等,2017)。

沉积物有机质含量影响着苦草根系的形态和生物量。沉积物有机质含量(以烧失率计)在 8.3%～9.4% 范围内,中等水平有机质组植物的沉水植物总生物量约为最高有机质组的 2.5 倍,随着有机质含量的升高,苦草的根系形态由短粗且分支较多变为细长且分支较少。有机质>20% 导致基底缺乏营养而影响沉水植物生长(Barko 等,1991),植物产生毒性化合物。此外,密度>0.9 g/cm³,影响沉水植物生长。

从表 6-2 中可以看出,沉水植物适应沉积物氮磷、有机质及密实度(容重)的范围较宽。总氮含量范围为 150～3 315 mg/kg,适宜含量为 500～2 000 mg/kg;总磷含量范围为 50～2 000 mg/kg,适宜含量为 200～1 500 mg/kg;有机质含量范围为 1.38%～12.41%,适宜含量为 1.38%～9.40%;密实度适宜含量为 0.9～1.3 g/cm³。对比洪泽湖数据,总氮含量平均值以下适合挺水植物生长,总磷含量均值适合沉水植物水质,有机质含量较低,表明底质偏硬,不利于其生长发育。由于洪泽湖恢复沉水植物物种主要包括苦草、黑藻、竹叶眼子菜、微齿眼子菜、金鱼藻、茨藻等,上述不同沉水植物适应底质条件存在一定差异,目前洪泽湖底质的差异为恢复不同种类的沉水植物提供了良好条件。

表6-2　沉水植物和浮叶植物立地底质理化特性与洪泽湖底质比较

特种	总氮/(mg/kg)	总磷/(mg/kg)	有机质/%
供试人工配比沉积物	150～800	610～660	1.761～4.423
苦草、大茨藻	500～2 000	50～2 000	8.3～9.4
苦草、黑藻、马来、金鱼	720～1 418	430～675	1.38～2.24
马来、黑藻	1 010～3 115	205～1 238	2.25～12.41
沉水植物	900	900	2.09
洪泽湖(均值)	230～2 150(980)	120～410(280)	0.2～1.80(1.09)

在浮叶植物方面,杨鑫等研究了太湖荇菜立地底质对其生长的影响,选择底泥氮磷含量为:A(TN 627.47 mg/kg,TP 237.38 mg/kg);B(TN 1 094.23 mg/kg,TP 317.72 mg/kg);C(原位底泥 TN 1 520.12 mg/kg,TP 544.27 mg/kg);D(TN 2 047.83 mg/kg,TP 738.37 mg/kg);E(TN 2 537.20 mg/kg,TP 942.37 mg/kg)。结果显示,B～D 条件适合荇菜生长,最低和最高的营养盐条件都影响荇菜正常生长发育,如图 6-1 所示。

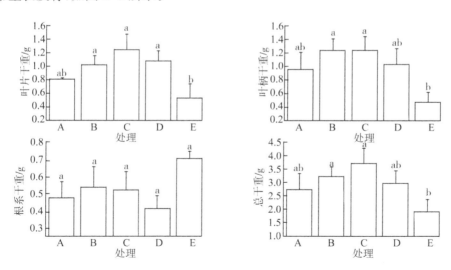

图 6-1　不同处理下荇菜叶片、叶柄和根系干重以及总干重

注:各处理间不同小写字母表示差异达 0.05 显著水平。

对比洪泽湖底质条件,大部分区域是适宜苲菜恢复的,但是要注意选择污染程度较低、营养盐适中的水域进行恢复。

对于浮游植物菱,由于其更适合在氮磷营养盐和有机质含量偏高水域生长,因此对比洪泽湖底质条件,也可以选择适应其生长水域进行适量恢复。

综上所述,洪泽湖底泥对水生植物群落恢复影响不大,近年来水生植物的衰退中,底质条件不是其关键影响因素,可以针对不同生活型水生植物选择适合区域开展自然和人工恢复。

6.2.2 水生植物恢复的营养盐水平适应性分析

水体富营养化严重影响了沉水植物的群落结构和功能,降低了其多样性、生物量和分布面积。随着水体氮、磷等营养元素的大量富集,浮游植物、附着生物大量增殖,水体透明度和水下光照可利用性降低,最终导致沉水植物的衰退。以武汉东湖为例,20世纪60年代,东湖水生植被面积占全湖面积的83%,水生植物种类共有83种。随着东湖周边区域人口增长和工农业发展,大量生活污水和工业废水排入东湖,导致水体富营养化加剧。20世纪90年代,东湖水生植物覆盖率降至3%左右,水生植物种类降至58种;2004年,水生植物分布面积仅占全湖的0.48%,调查发现水生植物种类仅19种。水生植物群落结构也发生重大变化,对水体富营养化较为敏感的微齿眼子菜逐渐消亡,而耐污种如金鱼藻和穗状狐尾藻则逐渐成为优势物种。Sand-Jensen等通过对丹麦Fure湖100年的水生植物监测发现,随着湖泊富营养化程度加深,水生植物物种丰度由37种降至13种;但随着湖泊治理的进行,水质逐渐恢复,水生植物物种丰度又增加到25种。符辉等在对云南洱海的沉水植被的历史演替分析中发现,随着水体富营养程度的加剧,沉水植被覆盖率从历史最高时期的40%下降到现在的仅8%左右。

此外,水体中浓度过高的营养盐,尤其是高浓度氨氮,还会对植物造成直接的毒害作用,如碳氮代谢及酚类代谢紊乱、组织内抗氧化酶系统崩溃、碳水化合物含量下降等,直接影响沉水植物的生长及克隆繁殖。Nimptsch和Pflugmacher针对氨氮胁迫对沉水植物生理代谢方面的影响开展了一系列研究,发现高浓度氨氮通过影响沉水植物体内抗氧化系统以及碳氮代谢平衡来抑制其生长和扩散。Cao等对长江中下游湖泊中苦草种群的氨氮耐受阈值进行研究发现,水体中氨氮浓度大于0.56 mg/L时,苦草生物量急剧减少。Rao等发现,当水体氨氮浓度大于0.5 mg/L时,苦草及幼苗出现严重的碳氮代谢紊乱,并且苦草幼苗会遭受更严重的氨氮胁迫。此外,苦草重要的无性繁殖器官葡匐茎生物量减少,抑制苦草向更大的区域扩散,严重影响了其克隆生长。因此,水体中氨氮浓度的增加及富营养化导致的弱光胁迫可能是沉水植被消失的重要原因。

尽管营养富集导致藻类大量繁殖,从而使浅水湖泊从沉水植物占优势的清水稳态转变为浮游植物占优势的浊水稳态,但是人们对湖泊富营养化如何通过改变化学计量结构来使生态系统处于非稳定状态仍然还不清楚。Su 等基于长江中下游 97 个浅水湖泊而展开的调查,第一次通过测量沉水植物地上部分氮和磷含量来研究它们的化学计量内稳性,通过分析底泥氮磷含量和植物体内氮磷含量的关系发现,沉水植物具有较强的磷内稳性而非氮内稳性。高磷内稳性物种包括:微齿眼子菜、苦草和竹叶眼子菜;而低磷内稳性物种包括:金鱼藻、穗状狐尾藻和黑藻。研究发现:当水体总磷浓度大于 0.06 mg/L 时,低磷内稳性种类占优势的群落平均生物量快速降低;而当水体总磷浓度大于 0.08 mg/L 时,高磷内稳性种类占优势的群落生物量快速降低。这些结果表明高磷内稳性物种占优势的沉水植物群落发生稳态转换的临界磷浓度较高(0.08 mg/L),低磷内稳性物种占优势的沉水植物群落发生稳态转换的临界磷浓度较低(0.06 mg/L)。随着富营养化的发展,低磷内稳性植物先行崩溃,可作为湖泊从清水到浊水的早期预警信号。但低磷内稳性植物具有较快的恢复能力,可作为生态修复的先锋物种。

成子湖西南部水域为草型湖区,沉水植物多样性最为丰富且个体数量最多、覆盖度最大,水体透明度最高,是洪泽湖水质最好的湖湾,水生植物优势种为微齿眼子菜和轮藻;成子湖东部水域为草藻过渡区,植物多样性也很丰富,但个体数量不大,水体营养盐显著高于成子湖西南部水域,有带状蓝藻存在,植物优势种为穗状狐尾藻和荇菜,这类植物茎叶均可在水面形成冠层,枝条伸出水面可以抵抗水下低光的限制。因此,从洪泽湖经过多年演替之后沉水植物群落的状态可以初步总结出,沉水植物能够生存的营养盐状态为 TP<0.07 mg/L、TN<1.5 mg/L,而如果以水质最好的成子湖西南部的水环境为准,则水体营养盐应为 TP<0.07 mg/L、TN<1.2 mg/L。

穗状狐尾藻、竹叶眼子菜、黑藻、苦草、微齿眼子菜、菹草和金鱼藻所在水体总氮的平均值分别为 1.23 mg/L、1.30 mg/L、1.31 mg/L、1.32 mg/L、1.39 mg/L、1.40 mg/L 和 1.55 mg/L。金鱼藻和菹草为耐污种,所在水体总氮浓度范围较大,分别为 0.38～4.01 mg/L 和 0.41～6.17 mg/L。

菹草、微齿眼子菜、穗状狐尾藻、黑藻、金鱼藻、苦草和竹叶眼子菜所在水体总磷平均值分别为 0.06 mg/L、0.14 mg/L、0.17 mg/L、0.19 mg/L、0.20 mg/L、

0.20 mg/L 和 0.22 mg/L。微齿眼子菜分布在较清洁的水体中，且对总磷的耐受范围低，为 0.10～0.17 mg/L。

微齿眼子菜、黑藻、竹叶眼子菜、穗状狐尾藻、金鱼藻、苦草和菹草所在水体氨氮的平均值分别为 0.17 mg/L、0.23 mg/L、0.24 mg/L、0.26 mg/L、0.29 mg/L、0.29 mg/L 和 0.32 mg/L。微齿眼子菜能够忍耐的氨氮浓度范围较低，为 0.04～0.33 mg/L；而菹草对氨氮的耐受程度比较高，其分布水体的氨氮浓度范围为 0.10～3.65 mg/L。

微齿眼子菜、菹草、苦草、金鱼藻、穗状狐尾藻、黑藻和竹叶眼子菜所在水体平均叶绿素 a 浓度分别为 12.09 μg/L、17.11 μg/L、19.00 μg/L、19.91 μg/L、26.11 μg/L、27.60 μg/L 和 31.04 μg/L。微齿眼子菜所在水体的叶绿素 a 浓度较低，和较高的水体透明度相对应，这些均表明微齿眼子菜广泛分布在较清洁且透明度高的水体中。黑藻和竹叶眼子菜分布的水体叶绿素 a 浓度较高，和较低水体透明度相对应，这些表明黑藻和竹叶眼子菜对低光有一定的耐受性。

6.2.3　水生植物恢复的高程适应性分析

挺水植物适生性高程分析：从调查结果看，洪泽湖挺水植物（芦苇和菰）生长在水深 180 cm 以内处。芦苇主要生长于 0.60 m 范围内；菰则在 1.30 m 范围内较适宜生长。

浮叶植物适生性高程分析：荇菜主要分布于 1.0 m 范围内，从前述研究分析结果看，荇菜不仅受水深限制，可能还受到被污染的底质影响。

沉水植物的水下光场适生性区域分析：绝大多数绿色植物的生存都依赖其光合作用产生的碳水化合物，因为碳水化合物为植物生长和繁殖提供必需的基础能量来源。因此，良好的光照条件是沉水植物赖以生存的基本前提，同时也是限制沉水植物分布深度的主要环境因子。沉水植物一般都分布在湖岸带水深 0～4 m 的区域，只有极少数耐低光物种可以分布到 6 m 以上深水区域。Wetzel（1984）研究证实，理论上湖泊底部光照强度达到表面光强的 1%～3% 时，湖泊底部的沉水植物才能正常生长，但在自然状态下，沉水植物正常生长所需的光照阈值远大于理论值，约为湖泊表面光强的 10%～20%。因为在自然湖泊中的沉水植物不仅要维持自身的生长，还要为适应外界的各种胁迫积累足够的碳水化合物来为其表型可塑性提供能量，同时投入碳水化合物以供后代繁殖上的消耗。沉水植物长期生活在水下低光环境中，其光补偿点常常较低以应对低光胁迫。光补偿点的差异决定了沉水植物的最大分布水深、光合作用产量以及种间竞争力,因此光照强度的改变会影响沉水植物群落结构及其演替方向。在北温带贫营养湖泊,当光照强度低于 1 800 J/cm² 时,被子植物就无法正常生长,因此它们往往生长在湖泊内较浅的区域,而轮藻等大型藻类可以在 1 200 J/cm² 的光照强度下生存。并且在一些光照良好的贫营养湖泊中,如云南抚仙湖,轮藻甚至可以生长在 20 m 的深水区域中。此外,强光可以打破菹草石芽的休眠,而苦草、黑藻等营养繁殖体在其萌发、生长发育的过程中,若水下光强小于入射光的 5%,则不能正常进行光合作用从而形成白化苗。

Su 等(2019)在对淡水生态系统中沉水植物性状对水体透明度的反馈调节机制的研究中发现,沉水植物和水体透明度之间存在正反馈,具体表现为"沉水植物越多,水体透明度越高"的模式。此外,不同单优群落和水体透明度之间的正反馈强度存在差异,这表明,正反馈的强度是存在种间特异性的。进一步研究发现,不同单优群落的水体透明度、叶绿素 a 浓度、光衰减系数和溶解氧都存在显著差别,这表明植株高度是正反馈调节的潜在机制。在湖泊管理政策上,我们在建设和维持生态系统弹性时,不应该只聚焦于植物丰度,还应该关注植物性状对生态系统结构和功能的影响。沉水植物和水体透明度之间存在正反馈通路,具体来说就是:沉水植物越多,水体透明度越高,光照条件越好。但小型沉水植物群落正反馈强度更高,对水体透明度有着更强的调节作用;相反,大型沉水植物群落中存在较弱的正反馈调节通路。

2020 年洪泽湖全湖水向湖滨带平均透明度为 36 cm,在 18～110 cm 范围内波动。而不同湖区湖滨带差异显著。其中成子湖区域湖滨带平均透明度达到 51 cm,显著高于其他区域,溧河洼区域平均透明度为 39 cm,东部大堤及过水通道区域透明度较低,分别为 23 cm、25 cm,这可能与较强的水动力干扰引起的悬浮颗粒物浓度升高有关。

生态学上将真光层深度定义为水柱净初级生产力刚好为零的深度,代表植物光合层的厚度,一般将水体表面辐照度 1% 处的深度视为真光层深度。研究显示,真光层深度与透明度具有较好的相关性($r=0.76$),尤其在透明度小于 100 cm 的情况下,两者线性关系较强。线性拟合的斜率为 3.2,截距为 -2.3($R^2=0.76$),表明真光层深度近似于透明度的 3.2 倍($Y=3.2X-2.3$,X 为透明度,单位为 cm)。详见图 6-2。

水面以下光线的穿透性和可用性是水生态系统赖以存在的基础,光谱能量的强弱、光谱能量在水体中的不均匀分布及其与水生植物之间的相互作用形成了水生态系统初级生产力的基本约束条件(Platt 等,1984)。漫衰减系数(K_d)

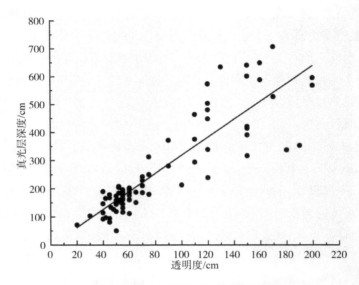

图 6-2　真光层深度与透明度关系图

直接决定了水体中的光强和光场结构,从而成为水生态系统的重要影响因素。当水体中光衰减系数较大时,沉水植物可能会由于没有足够的光照进行光合作用而死亡和衰退,导致水体生态系统类型的转化。K_d 的主要影响因素是水体及其组分的吸收和散射作用,同时 K_d 还受太阳天顶角、水气界面等表观光学因素的影响。漫衰减系数不仅可以用于水体等级的划分,精确计算水下光场的分布和光强(Lee 等,2005),反推正好位于水面以下的辐照度,同时还可以用于真光层深度的计算(张运林等,2005)。时志强(2015)研究了长江中下游浅水湖泊水下辐照度光衰减系数特征,4 个湖泊 PAR 衰减系数的变化范围分别为东湖 1.65~2.97 m^{-1}、梁子湖 0.8~3.49 m^{-1}、洪湖 0.55~3.85 m^{-1}、傀儡湖 1.38~2.82 m^{-1};对应的真光层深度分别为东湖 1.55~2.97 m(均值为 2.09 m±0.44 m)、梁子湖 0.80~3.49 m(均值为 3.27 m±1.79 m)、洪湖 0.55~3.85 m(均值为 2.77 m±2.05 m)、傀儡湖 1.63~3.34 m(均值为 2.56 m±0.45 m)。东湖平均水深为 2.5 m,而平均真光层深度仅为 2.09 m,湖泊浮游植物的初级生产力基本上来自水下 2.0 m 厚的水层,而 2 m 以下的沉水植物由于无法获取足够的太阳光进行光合作用面临死亡。并且在沉水植物生长的夏季,由于水温升高,浮游植物浓度更会偏高,沉水植物更加面临水下光照不足而无法生长的处境。富营养化过程中真光层深度低于水深,造成沉水植被消退,是富营养化较为严重的湖泊的共同特点。梁子湖、洪湖和傀儡湖平均水深分别为 3.0 m、1.5 m 和 1.5 m,对应的平均真光层深度为 3.27 m、2.77 m 和 2.56 m,真光层深度均大于水深,能够保证底层浮游植物和沉水植物的生长,而实际情况也是这 3 个湖泊有较大面积的沉水植物分布。结合洪泽湖现有水体透明度特征,洪泽湖沉水植物分布最大水深应该小于 150 cm。

6.2.4　水生植被潜在恢复区

湿地植被对淹水时长的响应关系,可通过高斯模型进行拟合。高斯曲线反映了湿地植被对淹水时长的响应关系,响应曲线表明:优势湿地植被均存在适宜、最适和限制阈值;一定范围内的淹水时长,能够满足湿地植被生态需求,促进湿地植被生长,如淹水时长超出一定范围,将对湿地植被产生抑制作用。

根据相关文献,物种分布和环境因子的关系符合高斯模型。物种与环境关系呈"钟形曲线",具有明显的上升、下降及峰值区间。其生态学意义为:当环境因子处于一定范围,生物生长与环境因子呈正相关并逐渐达到峰值;当环境因子数值继续增加,将会对生物生长产生抑制。

淹水时长是决定湖库湿地植被分布范围、面积的重要原因。植被面对淹水的不同生存策略,如休眠、形态结构调整等,是决定其适应能力和生态阈值的主要原因。估算优势湿地植被的生态阈值,有助于遏制湿地退化趋势。量化优势植被的生态阈值,明确其对淹水时长的生态需求,能够为合理确定生态水文过程线,遏制湿地退化趋势提供科学依据。

基于洪泽湖近 10 年(2012—2020 年)水文情势和水利调度运行情况(表 6-3、图 6-3),从近 10 年日水位统计来看,低水位运行模式(水位线 12.5 m)占总运行时间段的 28.8%,高水位运行模式(水位线 13.4 m)占总运行时间段的 70.9%。结合我国水陆交错带湿地常年运行情况,一般淹水时间在 8—10 月,可保障湖滨区生物多样性和植物演替稳定。

表 6-3　洪泽湖近 10 年水文情况统计表(2012—2020 年)

水位/m	累积计数	累积频率
11.20	16	0%
11.40	34	1%
11.60	104	3%
11.80	223	7%

续表

水位/m	累积计数	累积频率
12.00	327	10%
12.20	473	14%
12.40	736	22%
12.60	948	29%
12.80	1 270	39%
13.00	1 722	52%
13.20	2 331	71%
13.40	2 747	84%
13.60	3 115	95%
13.80	3 264	99%
14.00	3 288	100%

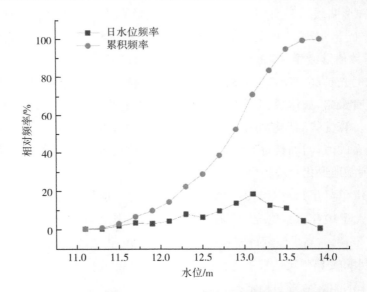

图 6-3　洪泽湖近 10 年日水位频率与累积频率特征曲线

　　洪泽湖需要构建全系列水生植物群落(挺水植物—浮叶植物—沉水植物)。其中,挺水植物和沉水植物对改善水质,维持生态系统健康稳定至关重要。因此,构建水生植物以挺水植物和沉水植物为主,浮叶植物为辅。水深是影响湿地植物生长的重要因素,不同的湿生和水生植物对水深的要求存在显著的差异。基于上述日水位数据统计分析,初步确定主要植物的分布高程。

耐淹的乔灌木适宜水深一般小于0.4 m，高程大于13 m。

挺水植物耐淹的水深在1.0 m左右，其中芦苇小于1.1 m，菰小于1.25 m，香蒲小于2.00 m，莲小于1.6 m。高程介于12～13 m。

浮叶植物小于或等于2.0 m，如荇菜小于1.8 m。高程介于11.5～12 m。

沉水植物分布的深度范围小于或等于2.0 m，如穗状狐尾藻小于2.0 m，苦草小于2.0 m，黑藻小于1.6 m，竹叶眼子菜小于2.0 m。多数健康沉水植物光补偿点低，适合在清水条件下生长发育。依据水质现状，水深为1.5～2.0 m(高程小于11.5 m)时，大部分沉水植物无法获得有效光辐射，恢复健康沉水植被的成本极高。

6.3 退圩还湖区湖滨带植物恢复物种筛选

水生态修复中，天然湿地恢复的首要条件是植物恢复，植物恢复首先考虑湿地建群种和伴生种的确定，根据不同区段的土壤和湖泊底泥基质条件，按照植物选择原则，确定每一种属的恢复面积和种属类别。天然湿地植被恢复充分利用植物种子库，并结合无性繁殖的方式。按照植物选择原则和生态学原理，选择合适的湿地植物，在植物群落学理论基础上，遵循宏观仿生学原理，充分考虑植物物种多样性与生态系统稳定性的相互关系，以群落的模式构建湿地植物系统，建设完整的湿地生态系统结构，从而保证湿地能够发挥良好的净化、缓冲、栖息地建设等功能。

6.3.1 植物筛选原则

依据湖滨自然环境现状和生态湿地建设目标，将植物选择的原则确定为以下几项。

(1) 净化能力强。水生植物对污染物的净化主要是靠附着生长在根区表面及附近的微生物降解，因此应选择根系比较发达的水生植物。

(2) 具有抗逆性。①抗冻、抗热能力。由于湿地系统是全年连续运行的，故要求水生植物即使在恶劣的环境下也能基本正常生长，而那些对自然条件适应性较差或不能适应的植物都将直接影响净化效果。②抗病虫害能力。湿地生态处理系统中的植物易滋生病虫害，抗病虫害能力直接关系到植物自身的生长与生存，也直接影响其在处理系统中的净化效果。③对周围环境的适应能力。由于近自然湿地中的植物根系要长期浸泡在水中并接触浓度较高且变化较大的污染物,因此所选用的水生植物除了耐污能力要强外,对当地的气候条件、土壤条件和周围的动植物环境都要有很好的适应能力。一般应选用当地或本地区天然湿地中存在的植物。

(3)易管理。管理简单、方便是近自然湿地生态污水处理工程的主要特点之一。若能筛选出净化能力强、抗逆性相仿,而生长量较小的植物,将会减少管理上尤其是对植物体后处理上的许多麻烦。

(4)综合利用价值高。综合利用可从以下几个方面考虑:①作饲料,一般选择粗蛋白的含量>20%(干重)的水生植物。②作肥料,应考虑植物体含肥料有效成分较高,易分解。③生产沼气,应考虑发酵、产气植物的碳氮比,一般选用植物体的碳氮比为25~30。

(5)美化景观。由于人工辅助型近自然湿地系统主要位于水陆交错地带,同时面积较大,故美化景观也是必须考虑的。

水生植物生态修复技术是面向富营养化浅水湖泊生态治理的重要技术。然而,选择合适的水生植物修复种来保证修复效果以及长期的生态安全与稳定性仍是目前修复工程中的重要且薄弱环节。应结合湖泊中常见水生植物的生长、分布、繁殖、来源及污染耐受性等筛选最佳的乡土物种。

6.3.2　洪泽湖水生植物群落结构特征

生物多样性是生物及其与环境形成的生态复合体以及与此相关的各种生态过程的总和。生物多样性是一个内涵十分广泛的概念,按其在生态系统中的格局、功能与动态等,可以分为组成多样性(组成格局)、相互作用多样性(动态格局)、形成机制多样性(机制格局)、功能过程多样性(功能格局)等几个主要类型。其中组成多样性是其他类型多样性研究的基础。生物多样性和生态系统的稳定性和复杂性是密切联系着的。

湖泊生态系统的生物多样性和湖泊健康密切相关,湖泊水体受到破坏,大量的水生植物丧失和片断化是造成大量动物、植物、微生物受威胁或灭绝的首要原因。生物多样性丧失到一定程度,就会影响到原有类型生态系统的功能和过程,植物片断化,植物稀疏,使原有依赖水生植物的其他生物不能生存,水体富营养化严重,正常的能流和物流不能进行。这种影响对于湖泊生态系统的食物链改变有着很大的关系。生物多样性的研究是湖泊生态系统稳定性的一个重要内容。

大型水生植物群落结构决定了大型水生植物群落的功能,间接反映群落的健康状况。常用频度和丰度这两个指标来衡量植物群落的组成状况。

2020年5月洪泽湖的调查数据表明,菹草、穗状狐尾藻和篦齿眼子菜的频度最高,分别达到了28%、22%和17%。8月,穗状狐尾藻出现频度最高,达到了23%;菱和金鱼藻频度紧随其后,分别为18%和16%。

调查期间,春季成子湖水体透明度高,尤其是成子湖西部水域;夏季水体透明度空间分布特征与春季相似,局部地区受浮游植物增殖影响而显著降低。春季,成子湖物种频度由高至低依次为穗状狐尾藻、篦齿眼子菜和菹草;夏季,物种频度由高至低依次为穗状狐尾藻、竹叶眼子菜和篦齿眼子菜。

溧河洼曾经是围网养殖重点区域,在"退圩还湖"政策的指引下,溧河洼自由水面面积逐步扩大。原有围网区湖底积累大量有机物和泥沙,而围网撤除后,风浪阻力显著降低,水体扰动强度高,导致该水域水体悬浮物居高不下,透明度维持在较低水平。受此影响,水生植物恢复进程较慢。调查期间,春季溧河洼物种频度由高至低依次为荇菜、菹草和穗状狐尾藻;夏季,物种频度由高至低依次为穗状狐尾藻、菱和喜旱莲子草。上述物种均可在水体表面形成冠层,对水下光环境要求较低。

过水区主要为敞水区,水体受风浪扰动强度高,水体透明度低,植物种类少,生物多样性低。调查期间,春季过水区物种频度由高至低依次为菹草、荇菜和菱;夏季,物种频度由高至低依次为金鱼藻、菱和穗状狐尾藻。

6.3.3　植物群落演替规律

目前水生植被的优势和常见群落呈现如下特点:超富营养化湖泊如江苏太湖超富营养湖区贡湖以菹草(春冬季)、荇菜、菰和芦苇占优势,江苏滆湖以喜旱莲子草、莲、芦苇和菰占优势,安徽巢湖以菹草、穗状狐尾藻、竹叶眼子菜和香蒲占优势;中等富营养化湖泊如江西军山湖和青岚湖以苦草、菱、金银莲花、荇菜和莲占优势,江西鄱阳湖以微齿眼子菜、黑藻、金鱼藻、竹叶眼子菜、灰化苔草、菰、南荻、刚毛荸荠、菱蒿和藨草占优势;湖北武汉东湖中等富营养湖区汤林湖以菹草(春冬季)、大茨藻、苦草、穗状狐尾藻和莲占优势,湖北梁子湖以微齿眼子菜、穗状狐尾藻、菹草、荇菜、竹叶眼子菜、香蒲、苔草属和刚毛荸荠占优势(表6-4)。

表 6-4   水生植物优势或常见类群及其特性

生活型	种类	生长型	生境营养特征	物种特性	繁殖方式
浮叶	荇菜	睡莲型	中-富营养	耐污种、偏 R-对策者	克隆和有性生殖,以克隆繁殖为主
浮叶	二角菱	菱型	中-富营养	耐污种、偏 K-对策者	营养生殖、有性繁殖
沉水	穗状狐尾藻	冠层型	中-富营养	耐污种、耐盐种、偏 R-对策者	根状茎,有性繁殖
沉水	黑藻	直立型	中-富营养	不耐污种、偏 K-对策者	断枝,有性繁殖
沉水	苦草	莲座型	中-富营养	中等耐污种、偏 R-对策者	冬芽、根状茎,有性繁殖
沉水	金鱼藻	冠层型	中-富营养	耐污、中等耐盐种、偏 R-对策者	断枝、具鳞状出茎,有性繁殖
沉水	微齿眼子菜	冠层型	中-富营养	不耐污种、偏 K-对策者	断株、根状茎、地上块茎、地下块茎、地上茎节、叶腋基部,有性繁殖
沉水	篦齿眼子菜	冠层型	中-富营养	耐污种、耐盐种、偏 R-对策者	断株、根状茎、地上块茎、地下块茎、地上茎节、叶腋基部及有性繁殖
沉水	竹叶眼子菜	冠层型	中-富营养	不耐污种、偏 K-对策者	断枝、根状茎、地下块茎、具鳞根出条、地上茎节、叶腋基部,有性繁殖
沉水	菹草	冠层型	中-富营养	耐污种、偏 R-对策者	断枝、石芽(具鳞茎出条),有性繁殖
沉水	大茨藻	底栖型	中-富营养	耐污种、偏 R-对策者	断枝,有性繁殖
沉水	小茨藻	底栖型	贫-中营养	敏感种	断枝,有性繁殖
沉水	轮藻	底栖型	贫-中营养	敏感种、偏 R-对策者	克隆生殖、孢子生殖
匍匐生浮水	水花生		中-富营养	耐污种、偏 R-对策者	匍匐茎,有性繁殖
挺水	狭叶香蒲		中-富营养	耐污种、偏 K-对策者	根状茎,有性繁殖
挺水	菰		中-富营养	耐污种	匍匐状根状茎,有性繁殖
挺水	荻		中-富营养	耐污种	根状茎,有性繁殖
挺水	芦苇		中-富营养	耐污种	匍匐状根状茎,有性繁殖
挺水	刚毛荸荠		中-富营养	耐污种	球茎,有性繁殖
挺水	灰化苔草		中-富营养	中等耐污种	根状茎,有性繁殖
挺水	水蓼		中-富营养	耐污种	根状茎,有性繁殖
挺水	莲		中-富营养	耐污种	根状茎,有性繁殖

水生植物群落呈现规律性的水平和垂直分布特征,按照不同的生活型呈现

湖岸向湖心辐射的水平分布格局,湖岸带主要是湿生型和挺水型植物占据优势,在一定水深范围内以浮叶型植物和高冠层型与直立型沉水植物占据优势,在更深的区域则主要分布低冠层沉水植被,漂浮型植被则多受风浪作用斑块分布于挺水型、浮叶型和高冠层沉水型群落间。沉水植物能耐受的光合作用光补偿点只需湖面光照的 1%～3%(Wetzel 等,1984)。近 70 年的研究发现该湖泊的沉水植物演替呈现如下特点:光补偿点低的底栖型的轮藻型物种因水体富营养化和人为干扰消失,冠层型的眼子菜属的物种也有逐渐被其他冠层型的物种如耐污种金鱼藻和莲座型的物种美洲苦草取代的趋势(Stuckey,1971)。邱东茹等研究认为长江中下游浅水湖泊的演替呈现如下特征:轮藻型阶段→眼子菜属型阶段→眼子菜属＋聚草型或穗状狐尾藻型阶段→聚草型＋苦草＋金鱼藻型或大茨藻＋聚草＋苦草型阶段→沉水植被消失阶段(或逆行演替顶端时期,湖泊变成次生裸地)。

通过对我国水生植物生长特性的归纳以及恢复实践研究,结合各物种的耐污性等,筛选出诸多耐污性高、生长适宜幅度广的本土物种作为洪泽湖湖滨带生态恢复的先锋种。挺水植物主要包括芦苇、香蒲和菰;浮叶植物主要包括荇菜;沉水植物主要包括穗状狐尾藻、苦草、黑藻、金鱼藻和竹叶眼子菜。

此外,结合洪泽湖乔灌木群落特征,初步筛选了乔灌木植物种类。灌木推荐以柳杉、水松、垂柳、水杉等本地特色湿地植物为主导。同时,植物恢复过程中应该避免外来物种的引入,禁止种植外来入侵物种。详见表 6-5 至表 6-7。

表 6-5　推荐乔灌木名录

中文名	科名	拉丁名	水分生态类型	适宜水深/m	推荐等级	备注
杉木	杉科	*Cunninghamia lanceolata*	中生	—	一般	本土植物
池杉	杉科	*Taxodium ascendens*	中生、湿生	0.2	重点	栽培
落羽杉	杉科	*Taxodium distichum*	中生、湿生	0.2	重点	栽培
中山杉	杉科	*Taxodium 'Zhongshansha'*	中生、湿生	0.3	重点	栽培
垂柳	杨柳科	*Salix babylonica*	中生、湿生	0.3	重点	本土植物

表 6-6　推荐灌木名录

中文名	科名	拉丁名	水分生态类型	适宜水深/m	推荐等级	备注
火棘	蔷薇科	*Pyracantha fortuneana*	中生	—	重点	本土植物

中文名	科名	拉丁名	水分生态类型	适宜水深/m	推荐等级	备注
四季桂	木犀科	*Osmanthus fragrans*	中生	—	一般	本土植物
紫穗槐	蝶形花科	*Amorpha fruitcosa*	中生	—	一般	本土植物
皱皮木瓜	蔷薇科	*Chaenomeles speciosa*	中生、湿生	—	重点	本土植物
常绿蔷薇	蔷薇科	*Rosa Sempervirens*	中生	—	重点	本土植物
红枫	槭树科	*Acer palmatum*	中生	—	重点	栽培
锦绣杜鹃	杜鹃花科	*Rhododendron pulchrum*	中生	—	重点	本土植物

表 6-7　外来入侵物种

中文名	科名	拉丁名	适宜生境	原产地
紫茎泽兰	菊科	*Eupatorium adenophorum*	旱生、中生、湿生	中美洲(墨西哥)
飞机草	菊科	*Eupatorium odoratum*	中生、湿生	美洲
微甘菊	菊科	*Mikania micrantha*	中生、湿生	中、南美洲
小白酒草	菊科	*Erigeron canadensis*	中生、湿生	北美洲
马缨丹	马鞭草科	*Lantana camara*	中生、湿生	美洲
喜旱莲子草	苋科	*Alternanthera philoxeroides*	湿生	南美洲(巴西)
粉绿狐尾藻	小二仙草科	*Myriophyllum aquaticum*	湿生	南美洲
凤眼蓝	雨久花科	*Eichhornia crassipes*	水生	南美洲(巴西)
大藻	天南星科	*Pistia stratiotes*	水生	南美洲(巴西)

6.4　湖滨带生态修复与功能优化提升方案

6.4.1　入湖污染拦截型

该类型湖滨带以成子湖北侧入湖河口(五河)为例。这类湖滨带植物配置中应采用根系发达的大型乔灌木作为绿色屏障,对农业用水起到拦截作用,并净化农田区浅层地下径流;乔灌木外缘植物配置中可设计成挺水植物、浮叶植物和沉水植物的全序列模式。

植物配置模式如下:乔灌木优先配置物种为水杉、黄山栾树、榉树、柳树、落羽杉;挺水植物优先配置物种为芦苇、菰、水蓼(高程 12～13 m);浮叶植物优先配置物种为荇菜(高程 11.5～12 m);沉水植物优先配置物种为竹叶眼子菜、苦草、黑藻、金鱼藻(高程 11～11.5 m)。详见图 6-4 至图 6-6。

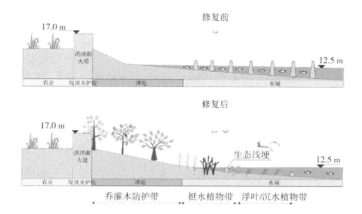

图 6-4   五河入湖污染拦截型湖滨带生态修复示意图

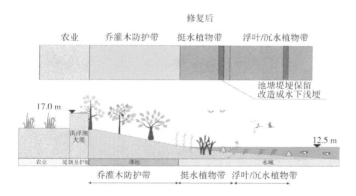

图 6-5   入湖污染拦截型湖滨带生态修复平面布置图

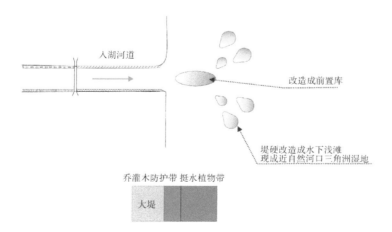

图 6-6   入湖污染拦截型湖滨带河口生态修复平面布置图

6.4.2 湖滨湿地型

该类型湖滨带以成子湖东北侧桂嘴为例。这类湖滨带的生态修复重点考虑生物多样性保护功能,按陆生生态系统向水生生态系统逐渐过渡的全序列模式设计,植被类型包括乔灌木植物带、挺水植物带、浮叶植物带、沉水植物带四带。

利用生态湿地风光设置生态科普场地,进行科普教育活动。临水岸设置观鸟平台和户外望远镜,便于游人眺望观鸟,配套鸟类科普标识牌等。挺水植物优先配置物种为芦苇、菰、水蓼、荻(高程 12～13 m);浮叶植物优先配置物种为荇菜(高程11.5～12 m);沉水植物优先配置物种为竹叶眼子菜、苦草、黑藻、金鱼藻(高程 11～11.5 m)。详见图 6-7、图 6-8。

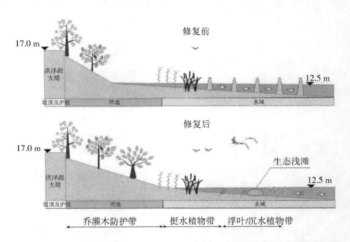

图 6-7　成子湖东北侧桂嘴湖滨湿地型湖滨带生态修复示意图

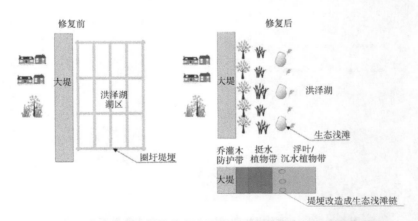

图 6-8　成子湖东北侧桂嘴湖滨湿地型湖滨带生态修复平面布置图

6.4.3 生态廊道型

生态廊道型生态修复方案一:该类型湖滨带以龙集镇尚嘴头为例。这类湖滨带生态修复目的是充分发挥生态廊道的主体功能——供野生动物移动、生物信息传递。植物修复为全系列模式的植被系统,选择适宜候鸟栖息的树种,陆生植物形成以水杉、枫香、栾树为主绵延的特色生态林,兼顾维护大堤和道路安全(图6-9)。

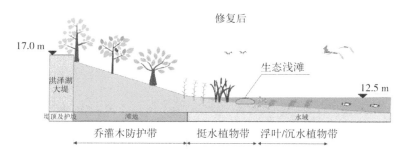

图6-9 生态廊道型湖滨带生态修复方案一示意图

植物配置模式如下:乔灌木优先配置物种为水杉、枫香、栾树、杜鹃(高程大于13.0 m);挺水植物优先配置物种为芦苇、菰、水蓼、荻(高程12～13 m);浮叶植物优先配置物种为荇菜(高程11.5～12 m);沉水植物优先配置物种为竹叶眼子菜、苦草、黑藻、金鱼藻(高程11～11.5 m)。

生态廊道型生态修复方案二:这类湖滨带植物修复以恢复陆生植物为主,修复为全系列模式的植被系统。选择适宜候鸟栖息的树种,如水杉、枫香、栾树,形成绵延的特色生态林,同时维护大堤和道路安全(图6-10)。

植物配置模式如下:乔灌木优先配置物种为水杉、枫香、栾树(高程大于13.0 m);挺水植物优先配置物种为芦苇、菰、水蓼、荻(高程12～13 m);浮叶植物优先配置物种为荇菜(高程11.5～12 m);沉水植物优先配置物种为竹叶眼子菜、苦草、黑藻、金鱼藻(高程 11～11.5 m)。

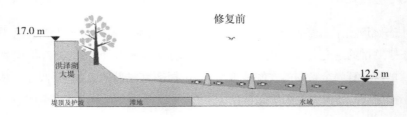

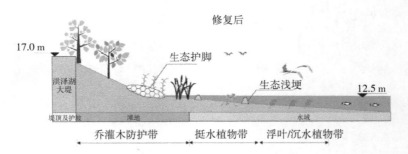

图 6-10　生态廊道型湖滨带生态修复方案二示意图

6.4.4　亲水景观型

亲水景观型生态修复方案一:以临淮镇南侧为例。这类湖滨带生态修复目的是营造开阔视野,提高湖水的可亲近性,改善湖滨带景观,并降低面源污染入湖负荷。植被修复为半系列模式,植物修复以恢复陆生植物为主。为丰富景观效果,营造生境多样化,提高生物多样性,陆向湖滨带主要为露营草坪,零星种植开花小乔木,满足游人和周围居民的亲近自然的需求(图 6-11)。

植物配置模式如下:乔灌木优先配置物种为黄山栾树、榉树、柳树、杜鹃;挺水植物优先配置物种为莲、荻(高程 12～13m)。

亲水景观型生态修复方案二:该类型湖滨带以双沟镇东侧为例。这类湖滨带生态修复目的是营造开阔视野,提高湖水的可亲近性,改善湖滨带景观。植被修复为半系列模式,陆向湖滨带主要为露营草坪,零星种植开花小乔木,满足游人和周围居民的亲近自然的需求;水陆交错区配置景观挺水植物,提供一个开放的滨水空间(图 6-12)。

植物配置模式如下:乔灌木优先配置物种为黄山栾树、榉树、柳树、杜鹃;挺水植物优先配置物种为莲、荻(高程 12～13 m)。

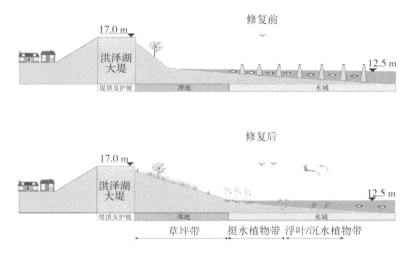

图 6-11　临淮镇南侧亲水景观型湖滨带生态修复方案一示意图

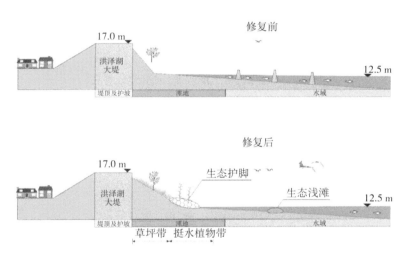

图 6-12　双沟镇东侧亲水景观型湖滨带生态修复方案二示意图

6.4.5　过水泄洪型

这类湖滨带的生态修复优先保证泄洪安全,确保周边居民的健康与安全;其次采用合理的生态修复方法,提高湖滨带生态系统的完整性。植物修复以恢复陆生植物为主,修复为半系列模式的植被系统。对挡洪堤迎水面进行生态修复,以洪泽湖当地滩地植物碱蓬草(水红)为主,构建具有溧河洼特色的滩地植物群落。在水陆交错区种植对入湖水体有净化功能的水生植物,如芦苇、席草等,最大限度提高湖滨带生态自净能力(图 6-13)。

植物配置模式如下:乔灌木草本优先配置物种为碱蓬草(水红);挺水植物优先配置物种为芦苇、菰、水蓼、荻(高程 12~13 m)。

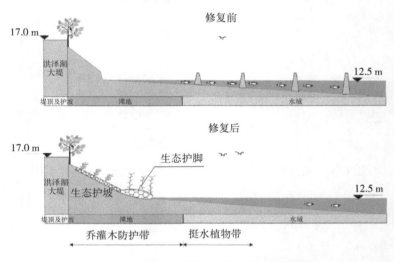

图 6-13　过水泄洪型湖滨带生态修复示意图

6.5　湖滨带养护管理

6.5.1　挺水植物管护

挺水植物分布于河道岸边浅水处或种植平台上,茎叶伸出水面,根和地下茎埋在水下土壤之中。挺水植物的养护管理主要是防止蔓延、收割枯萎植株及补种死亡植株,平时注意枯叶、断茎、植株高矮以及植物花和果实的管理养护。挺水植物进入枯萎期后,需及时收割地上部分植株;收割后留存的根部植株高度需考虑次年的萌发成功率;收割时间需综合考虑冬季水禽类栖息生境而有所保留,即可适当保留部分维管束比较硬的挺水植物在次年萌发前再行收割。

(1)日常管护

①每周巡查 3~4 次,及时修剪枯黄、枯死和倒伏植株,及时清理挺水植物周围的杂物或垃圾。

②定期去除杂草,除草时注意不要破坏植被根系,在生长季节,每月至少除

草三次。

③冬至后至立春萌动前应对枯萎枝叶进行修剪。

④当病虫害等原因造成某个或某些植被死亡时,应将植被撤出,并进行相应的补种;当植物有严重病虫害时,应选择低毒、对水质无污染的生物药剂进行防治,并结合人工、物理防治。

（2）收割管理

①收割周期

对于多年生挺水植物（芦苇和菰）来说,植物在水中的深度不大,且植物生长条件和生长能力较好,表现为发芽早和生长速率快。因此,植物收割一年两次较为理想。

②收割时间

对于每年收割两次的挺水植物,第一次收割应安排在 8 月下旬至 9 月上旬。此时收割可以有效刺激植物的二次萌芽,收割后的植物仍然有两个月左右的生长时间,使植物 9 月和 10 月进入第二次生长高峰,延长了水生植物的生长期,可以促进植物的安全越冬。第二次收割可在 11 月之前（水生植物枯黄后）,避免植物残体和凋落物的再次释放。

③收割方式

水生植物的收割方式主要有人工镰刀收割和水草收割船自动收割两种。对于挺水和浮叶植物,由于水面较低,主要采取人工镰刀收割。

④收割后植物存留量

收割后植物存留高度（植物存留量）需要依据收割时间和处理单元来决定。对于一年收割两次的水生植物,8 月下旬至 9 月上旬收割时存留高度以地上部分保留 30～40 cm 为宜,防止底质表面过于裸露,造成表面温度升高影响植物的后续生长。而第二次收割时应将地上枯死的枝叶全部收割,仅需保留地下根茎和新芽。

6.5.2　浮叶植物管护

（1）日常巡查:每日巡查一次,及时打捞枯黄和枯死植株,及时清除浮叶植物上的枯枝落叶。

（2）对于生长扩张出种植区域外的浮叶植物,视超出外围情况,每月修剪 2～3 次;每月定时打捞一次种植区域内的浮叶植物,打捞面积为种植区域面积的 1/5;及时运走修剪、打捞出的植物残体。

（3）及时打捞清理冬季霜冻后部分枯死植株。

（4）台风、大风大雨天气及强泄洪前后2～3天检查浮叶植物情况,恶劣天气过后及时检查,如有冲走,及时补种。

（5）及时清除岸边浅水区的挺水类杂草,采用人工打捞方法去除水面非目的性漂浮植物。

（6）对因各种原因造成成活率较低、覆盖水面达不到设计要求的植物需要补种,并且确保根系完整,叶面完好,种植时植物体切忌重叠、倒置。

（7）浮叶植物发生病虫害一周内,及时喷施低毒、对水体无污染的生物农药,杜绝化学农药。

6.5.3　沉水植物管护

沉水植物是水体中重要的生产者,是水体生态平衡的重要调控者。沉水植物不仅可以吸收营养物质,而且可以影响水体和底泥间的物质交换平衡,同时还可以明显抑制藻类生长。湖泊中存在适当种类和生物量的沉水植物对保持水体的长期健康有着重要作用。

此外,沉水植物是优良的水质净化和水下景观植物,对湖泊水质净化以及水体景观的营造起着极其重要的作用。沉水植物必须进行适时的养护,严防外来种的入侵。不同沉水植物由于生长和繁殖习性不同,其管理养护也各具特点。

（1）日常管护

①及时清除非目的性沉水植物。

②沉水植物长出水面影响景观时,应进行人工或机械收割。对于浮出水面的死株,应及时清除。

③调控沉水植物的群落结构,保证沉水植物群落结构以暖季植物为主,以冷季植物为辅。

④调控水生植被的分布与覆盖度,使其满足维持健康水体生态系统平衡的需求。

⑤及时清除影响沉水植物生长的丝状藻类等。

⑥及时清除沉水植物和沿岸水生花卉的枯枝烂叶,防止二次污染,降低水体营养负荷。

⑦对于成活率不能达到设计要求的要进行补植。

⑧沉水植物进入花果期后,大量花粉或果实漂浮于水面,影响水面整洁、美观,需派人定期在下风区进行打捞处理。

（2）收割管理

收割是用机械或人工将沉水植物从水体中以不同强度收取并运输到岸上的过程。对水生植物进行合理收割，不仅可以增大植物的生长量，而且也在一定程度上延长了植物的生长期，还能直接带走积累的污染物，对系统生态净化能力促进明显。

①收割周期

对于区域浮叶植物和沉水植物来说，植物所处水深较大，其生长速度和条件都不及挺水植物，故可一年收割一次。

对于扩繁能力较强的水生植物如菱、菹草和穗状狐尾藻，除每年定期的收割处理之外，需依据其生长实际情况，适时增加收割次数，并且需在其繁殖体脱落之前收割（避免来年的疯长）。

②收割时间

对于每年收割一次的浮叶植物（菱）和沉水植物（穗状狐尾藻、苦草、金鱼藻和黑藻等夏季种），应在 10 月上旬，植物繁殖体脱落之前（植物生长末期）收割，以去除水体污染物及避免植物残体和凋落物的再次释放。对于冬季种菹草，应当在 5 月中旬左右收割，达到去除水体营养物质和避免菹草疯长的目的。

③收割方式

水生植物的收割方式主要有人工镰刀收割和水草收割船自动收割两种。对于在大型敞水区的沉水植物，可采取水草收割船自动收割的方式提高收割的效率；对于小型水域内的沉水植物，可采取人工镰刀收割的方式。

④收割后植物存留量

沉水植物收割后，一般保留低于水面 50 cm 的植株。这样既能保证植物正常的光合作用，又可减少收割频率。

（3）沉水植物预警

沉水植物只有达到一定的生物量，提高生物多样性，才可维持水质的稳定。当沉水植物出现以下情况时，必须根据实际情况，调整群落结构，适时补种或者抑制某些植物生长。

情况 1：夏秋季沉水植物覆盖度＜60％，生物量＜2 000 g/m²，生物多样性指数＜0.8。

情况 2：春冬季沉水植物覆盖度＜30％，生物量＜600 g/m²，生物多样性指数＜0.5。

情况 3：夏秋季沉水植物覆盖度＞80％，生物量＞6 000 g/m²，生物多样性指数<0.8。

出现情况 1 和 2 说明示范区沉水植物不足,在春季和夏季应及时补种相应品种;出现情况 3 说明示范区以某种单优群落为主,生物量巨大,需要及时进行水面 50 cm 清理和稀疏密度。

（4）沉水植物补种方式

由于水位较深,现场补种比较困难,采用泥球或者石块包裹根部抛投的方式种植,种植密度较前期恢复要大,以保证一定的成活率。补种的品种在春季种植,种植密度控制在 36 丛/m^2 左右。种植形状呈斑块,不同品种之间间隔 5～10 m 的空隙。

（5）水位调控或遮光

水位的降低或升高可以改变沉水植物群落。水位降低会使低水位的植物成体或繁殖体遭受干旱或极端温度影响;如果深水区水位下降,则可以促进苦草、黑藻等中下层植物的生长。对于区域过度泛滥的穗状狐尾藻,可以提高水位加遮光进行控制。

6.5.4 水生杂草和藻类去除

水生杂草尤其是入侵种极易与人工栽种的植物抢占生态位,易造成栽种的植物衰退,需及时清理。常见的需清除杂草有水花生等。

喜旱莲子草,茎圆柱形、中空、茎节明显,植物体匍匐状,多分枝,叶对生,披针形或长椭圆形。全缘叶,头状花序。花果期为夏季。生于池塘湖泊的浅水处或近水处的河岸上,为水陆两栖性植物。可作水生饲料,同时也是一种很好的绿肥。管理养护:水花生繁殖速度很快,一旦发现需立即清除。可以用人工清除。

水绵为绿藻门、接合藻纲、双星藻目、双星藻科、水绵属植物,生长于阳光直射的洁净水体中,一般生长水温为 0～25℃,低于 0℃或高于 25℃都会停止生长。温度为 10～20℃时,生长繁殖最为迅速。其疯狂蔓延,不仅影响景观,而且导致其他物种生长空间缩小,覆盖于沉水植物表面,破坏系统平衡。每年的 3—6 月份和 9—12 月份,透明度高的水体大都会有水绵出现。空气中、土壤内到处都存在着水绵孢子,其在适合生长水绵的地方都会生长。管理维护:维护过程当中,一旦发现及时清理干净,以防扩张蔓延。如若水绵泛滥,可采用药剂和人工打捞相结合。

7 洪泽湖典型退圩还湖区湖滨带生态修复工程方案

根据洪泽湖生态修复工程总体布局,结合旅游发展、产业转型等要素,选择具有生态修复代表性、针对性或迫切性的区域,编制典型湖滨带生态修复工程方案。针对不同类型的湖滨带,结合消浪技术、基底修复技术,在详尽调查、观测和研究的基础上,根据湖滨带基底条件,按照基底保育型、基底修复型与基底重建型,因地制宜地进行基底地形地貌的改造、基底稳定性的维护,营造适宜与多样性的生长环境。结合湖滨带生境条件修复状况以及植被分布现状等因素,运用生物群落结构设计的基本原理,进行各种群组成的比例和数量、种群的平面布局、生物群落的垂直结构设计等。综合提出退圩还湖湖滨带生态修复方案。拟选择五河和临淮镇分别提出入湖污染拦截型生态修复、湖滨湿地型生态修复和亲水景观型湖滨带生态修复方案(图 7-1)。

7.1 五河入湖污染拦截生态修复工程

7.1.1 工程概况

工程位于宿迁市宿城区成子湖处,工程范围为入湖河口至围垦边界。五河河口东西两侧围垦面积分别为 1.8 km^2 和 3.1 km^2。五河水质不稳定,不能稳定达标,沿线河道淤积,漂浮植物恶性增殖,水流不畅,富营养化严重。

7.1.2 工程方案

在五河河口开展入湖污染拦截型和湖滨湿地型湖滨带生态修复。主要工程内容包括圩区堤埂拆除和改造、河口前置库、河口浅滩湿地和滨岸带生态治

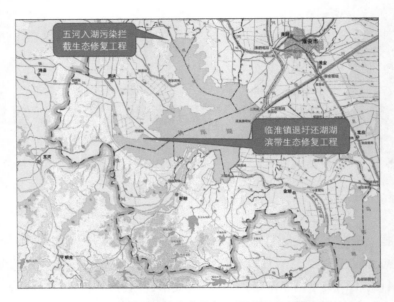

图 7-1　典型湖滨带生态修复工程空间分布示意图

理等生态修复措施。在入湖河口处分别设置泥沙沉淀池,同时在河口两侧布置生态浅滩,营造近自然河口洲滩湿地。堤前生态修复区清退后圩埂底高程13.0~13.5 m;水向湖滨带离坡脚150~200 m范围内保留一道与大地平行的堤埂,堤埂高度为12.5 m;水向湖滨带离坡脚350~400 m范围内保留一道与大地平行的堤埂,堤埂高度为12.0 m;其余堤埂全部清退至现状滩面,营造湖滨带多级湿地,可在平水期和枯水期增加水力滞留时间,减缓上游来水进入,提高水体净化能力,减少湖区污染负荷。滨岸带岸滩坡比采用1:15(图7-2)。

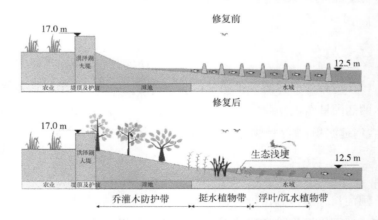

图 7-2　五河入湖污染拦截型湖滨带生态修复示意图

工程规模:堤埂拆除长度约 84 km,堤埂改造长度 8 km,土方量约 67.2
万 m³,修建生态湖滨带 4 km,河口前置库面积为 8.7 万 m²,河口浅滩面积为
6.5 万 m²,乔灌木种植面积约 8 万 m²,水生植物种植面积约 4 万 m²。

7.2　临淮镇退圩还湖湖滨带生态修复工程

7.2.1　工程概况

工程位于临淮镇南侧,围垦宽度大于 2 000 m,围垦面积为 8.17 km²,退圩
环湖清退土方量大。工程区水质为地表 V 类水质,残留围网堤埂阻碍水体交
换;沉水植物严重退化,漂浮植物恶性增殖,局部出现沼泽化现象。陆向土地利
用以农业和住宅为主。随着经济的发展,人们的生活水平越来越高,人们对生
活环境的要求也越来越高,所以这类湖滨带修复目标是在河口削减临淮镇入湖
污染负荷,在湖滨带营造开阔视野,提高湖水的可亲近性,改善湖滨带景观,并
降低面源污染入湖负荷。

7.2.2　工程方案

在临淮镇南侧湖滨带开展入湖污染拦截型和亲水景观型湖滨带生态修复。
在入湖河口处分别设置泥沙沉淀池,同时在河口两侧布置生态浅滩,营造近自
然河口洲滩湿地。为丰富景观效果,营造生境多样化,提高生物多样性,水向湖
滨带离坡脚 150~200 m 范围内保留两道与大地平行的堤埂,形成消浪浅滩。
浅埂顶高程为 12.5 m,生态浅滩既可减缓波浪冲刷,又带来生态自然的景观效
果。其余堤埂全部清退至现状滩面,堤埂拆除多余土方用于大堤浅滩构建。滩
地坡度可上下波动 3 度,营造蜿蜒岸线。对于风浪冲刷强度较高的地区,宜在
水位变幅区及其附近区域设置砌石、石笼等具有植物恢复或生长条件的多孔隙
护坡结构,通过零散抛掷大块石或人工预制构件,在坡脚位置构筑抛石护脚结
构体。这类湖滨带生态修复目的是营造开阔视野,植被修复为半系列模式,以
恢复陆生植物为主,修复为半全序列模式的植被系统。陆向湖滨带主要为露营
草坪,零星种植开花小乔木,满足游人和周围居民的亲近自然的需求。湖滨带
乔灌木优先配置物种为黄山栾树、榉树、柳树、杜鹃;挺水植物优先配置物种为
莲、荻(高程 12~13 m),详见图 7-3、图 7-4。

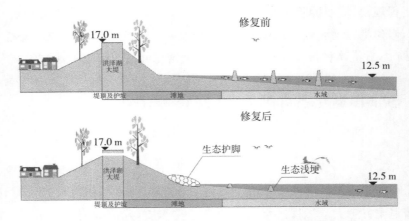

图 7-3　临淮镇南侧亲水景观型湖滨带生态修复示意图

图 7-4　临淮镇南侧湖滨带生态修复工程剖面效果图

　　工程规模:前置库 10 万 m²,堤埂拆除长度约 95 km,堤埂改造长度为 5.5 km,土方量约 65.0 万 m³,修建生态湖滨带 5.2 km,景观湖滨带面积为 10.0 万 m²,乔灌木种植面积约 5.0 万 m²,水生植物种植面积约 2.0 万 m²。

8 洪泽湖典型退圩还湖区湖滨带修复的生态环境效益评估

8.1 生态环境效益评估方法

　　土地作为人类生存和发展的基础，为人类创造了大量的生态系统服务价值（Ecosystem Services Value，ESV），包括了供给价值（食物、原材料和水资源）、调节价值（净化环境，气体、气候和水文调节）、支持价值（土壤保持、养分循环和生物多样性）和文化价值（美学景观）。随着人类对生态系统的干扰日益强烈，环境污染、资源短缺、过度开发等生态问题出现，生态修复在全球发展，如何评价通过生态修复而得到改善恢复的生态系统所带来的成效成为理论界和各地政府研究和探讨的重要问题（钱一武，2011）。土地利用/覆盖变化（Land Use and Land Cover Change，LUCC）是人类开发自然资源、改变生态系统结构和社会环境等的直观体现，是 ESV 变化的主要影响因素之一，研究其影响下的区域 ESV 变化对指导修复和保护生态系统服务功能具有重要意义；同时，基于土地利用变化的生态系统服务价值估算方法是最直接的办法，因而受到国内外学者的广泛关注。

　　湖滨带是湖泊与陆地之间的过渡带。自然状态下，陆向界线为周期性高水位时湖泊影响地形、水文、基质和生物的上限，水向界线在深水湖泊为大型植物分布的下限，或为由深水波浪转为浅水波浪的界线。湖滨带具有诸多重要的生态和服务功能，为人类创造了大量的生态系统服务价值（谢高地等，2015；Schmieder，2004；Daily 等，2000）：①消解与滞留污染物：水-土-植物-微生物系统通过渗透、过滤、沉积、吸收、分解等方式削减外源和内源污染物；②稳固湖岸与维持清水稳态：植被通过阻滞湖流和根系固着增强湖岸的稳定性，同时通过减少沉积物再悬浮维持清水稳态;③支撑区域生物群落:不仅自身生物多样,而且给相邻群落食物网输出能源;④供水:为人类和动物提供清洁水源;⑤生产生物质:是动植物蛋白和生物工业材料的重要生产基地;⑥美化环境:优美的滨湖区是当地社会经济发展的重要保障;⑦运动休闲:是水上运动、垂钓以及休闲观光的重要场所;⑧航运:提供航道和码头。因此,保护湖滨带对维持区域生态系统健康十分重要。本书中的研究根据洪泽湖典型退圩还湖区湖滨带修复前后的主要土地利用类型,分析生态系统服务功能提升价值。具体分析典型退圩还湖区湖滨带修复对洪泽湖的食物生产、水资源供给等供给服务,气候调节、水文调节等调节服务,土壤保持、维持养分循环等支持服务和美学景观等文化服务的增加效应。

以谢高地等(2015)对中国生态系统服务价值评价研究为基础,系统收集和梳理了国内已发表的以功能价值量计算方法为主的生态系统服务价值量评价研究成果,结合洪泽湖典型退圩还湖区湖滨带修复区域的现场实际情况调研,考虑工程对洪泽湖的供给服务、调节服务、支持服务、文化服务可能产生的实际影响,并通过专家问询的方式对谢高地等(2015)制定的价值当量表中的一、二级分类进行了适当合并修正,得到洪泽湖典型退圩还湖区湖滨带修复前后各地类单位面积 ESV 当量(表 8-1、表 8-2)。

表 8-1　退圩还湖区湖滨带修复前各地类单位面积 ESV 当量

生态系统一级服务功能	生态系统二级服务功能	耕地	河口	圈圩	水生植被	围网	自由水面	自然保护区	光滩
供给服务	食物生产	1.105	0.8	4.08	0.51	4.08	0.8	0.252 5	0
	原料生产	0.245	0.23	0.23	0.5	0.23	0.23	0.58	0
	水资源供给	−1.305	8.29	2.59	2.59	2.59	8.29	0.3	0
调节服务	气体调节	0.89	0.77	0.77	1.9	0.77	0.77	1.907 5	0.02
	气候调节	0.465	2.29	2.29	3.6	2.29	2.29	5.707 5	0
	净化环境	0.135	5.55	0.17	3.6	0.17	5.55	1.672 5	0.1
	水文调节	1.495	102.24	12.11	24.23	51.12	102.24	3.735	0.03
支持服务	土壤保持	0.52	0.93	0.93	2.31	0.93	0.93	2.322 5	0.02
	维持养分循环	0.155	0.07	0.19	0.18	0.19	0.07	0.177 5	
	生物多样性	0.17	2.55	2.55	7.87	2.55	2.55	2.115	0.02
文化服务	美学景观	0.075	1.89	0.09	4.73	0.09	1.89	0.927 5	0.01

表 8-2 退圩还湖区湖滨带修复后各地类单位面积 *ESV* 当量

生态系统一级服务功能	生态系统二级服务功能	入湖污染拦截型	湖滨湿地型	生态廊道型	亲水景观型	过水泄洪型	水源地保护型
供给服务	食物生产	0.8	0.51	0.8	0	0.8	0.8
	原料生产	0.23	0.5	0.23	0	0.23	0.23
	水资源供给	8.29	2.59	8.29	0	8.29	10.88
调节服务	气体调节	1.34	1.9	1.34	0	0.77	0.77
	气候调节	2.95	3.6	2.95	0	2.29	2.29
	净化环境	11.1	3.6	4.575	0	5.55	5.55
	水文调节	63.24	24.23	102.24	0	102.24	102.24
支持服务	土壤保持	1.62	2.31	1.62	0	0.93	0.93
	维持养分循环	0.16	0.18	0.13	0	0.07	0.07
	生物多样性	2.55	7.87	5.21	0	2.55	2.55
文化服务	美学景观	1.89	4.73	4.73	4.73	1.89	1.89

　　基于 Costanza 等(1997)和谢高地等(2008,2015)所采用的单位面积价值当量因子法,以及谢高地等(2015)认为的中国生态系统的单位面积生态系统服务价值当量计算,应将农田破坏生产的生态系统服务价值当量设定为1,然后确定生态系统提供的其他生态服务的价值。因此,我们根据一个生态系统服务价值当量因子的经济价值量等于当年平均粮食单产市场价值 1/7 的规则(刘桂林等,2014),参考研究选取的时间段内江苏省近 30 年统计年鉴中粮食平均单位面积产量(6 009.32 kg/hm²)和同期中国粮食平均单位面积产量(4 051.11 kg/hm²)得到的修正系数(Gu 等,2021),并基于江苏省 2021 年的平均粮食单价,计算得到了生态服务价值当量因子(*P*)为 34.89 万元/(km² · a)。其计算公式如下:

$$P = \frac{1}{7}k \cdot b \cdot c \tag{8-1}$$

式中:*P* 为土地利用类型单位面积的生态系统服务价值当量因子;*k* 代表修正系数;*b* 表示单位面积的粮食产量;*c* 为江苏省 2021 年的平均粮食单价。

　　结合洪泽湖典型退圩还湖区湖滨带修复前后各地类单位面积生态系统服务价值当量和当量因子 *P*,得到洪泽湖典型退圩还湖区湖滨带修复前后各地类单位面积生态系统服务价值系数(表 8-3、表 8-4)。生态系统服务价值和单项生态系统服务价值(*ESV_f*)计算公式如下:

$$ESV = \sum_{i=1}^{n} (A_i \cdot VC_i) \tag{8-2}$$

$$ESV_f = \sum_{i=1}^{n} (A_i \cdot VC_{fi}) \tag{8-3}$$

式中:ESV 为生态系统服务价值(元/a);i 为土地利用类型($i=1,2,3,\cdots$,n),A_i 为地类 i 的面积(km^2);VC_i 为地类 i 的生态系统服务功能价值系数[万元/($\text{km}^2 \cdot$ a)];ESV_f 为生态系统第 f 项服务功能价值(万元/a);VC_{fi} 为地类 i 的第 f 项生态系统服务功能价值系数[万元/($\text{km}^2 \cdot$ a)]。

表 8-3　退圩还湖区湖滨带修复前各地类单位面积 *ESV* 系数

单位:万元/($\text{km}^2 \cdot$ a)

生态系统一级服务功能	生态系统二级服务功能	耕地	河口	圩圩	水生植被	围网	自由水面	自然保护区	光滩
供给服务	食物生产	38.55	27.91	142.35	17.79	142.35	27.91	8.81	0
	原料生产	8.55	8.02	8.02	17.45	8.02	8.02	20.24	0
	水资源供给	-45.53	289.24	90.37	90.37	90.37	289.24	10.47	0
调节服务	气体调节	31.05	26.87	26.87	66.29	26.87	26.87	66.55	0.70
	气候调节	16.22	79.90	79.90	125.60	79.90	79.90	199.13	0
	净化环境	4.71	193.64	5.93	125.60	5.93	193.64	58.35	3.49
	水文调节	52.16	3 567.15	422.52	845.38	1 783.58	3 567.15	130.31	1.05
支持服务	土壤保持	18.14	32.45	32.45	80.60	32.45	32.45	81.03	0.70
	维持养分循环	5.41	2.44	6.63	6.28	6.63	2.44	6.19	0.70
	生物多样性	5.93	88.97	88.97	274.58	88.97	88.97	73.79	0.70
文化服务	美学景观	2.62	65.94	3.14	165.03	3.14	65.94	32.36	0.35

表 8-4　退圩还湖区湖滨带修复后各地类单位面积 *ESV* 系数

单位:万元/($\text{km}^2 \cdot$ a)

生态系统一级服务功能	生态系统二级服务功能	入湖污染拦截型	湖滨湿地型	生态廊道型	亲水景观型	过水泄洪型	水源地保护型
供给服务	食物生产	27.91	17.79	27.91	0	27.91	27.91
	原料生产	8.02	17.45	8.02	0	8.02	8.02
	水资源供给	289.24	90.37	289.24	0	289.24	379.6
调节服务	气体调节	46.58	66.29	46.58	0	26.87	26.87
	气候调节	102.75	125.60	102.75	0	79.9	79.9
	净化环境	387.28	125.6	159.62	0	193.64	193.64
	水文调节	2206.27	845.38	3567.15		3567.15	3567.15

生态系统一级服务功能	生态系统二级服务功能	入湖污染拦截型	湖滨湿地型	生态廊道型	亲水景观型	过水泄洪型	水源地保护型
支持服务	土壤保持	56.52	80.6	56.52	0	32.45	32.45
	维持养分循环	5.41	6.28	4.36	0	2.44	2.44
	生物多样性	88.97	274.58	181.78	0	88.97	88.97
文化服务	美学景观	65.94	165.03	165.03	165.03	65.94	65.94

8.2 典型退圩还湖区湖滨带修复生态环境效益评价

泗阳县结合退圩还湖规划、实施方案、遥感监测等,对已完成退圩还湖规划建设的泗阳县对比分析退圩还湖实施前后的生态环境变化和服务功能变化。选取 2017、2021 年 2 期 Landsat 系列卫星遥感影像,影像数据来源于地理空间数据云(http://www.gscloud.cn/)和美国地质调查局官网(http://www.usgs.gov/)。为保证研究内容的准确性,选择的遥感影像对应时间段为 5—6 月份,且云覆盖量均小于 10%。所有影像均覆盖整个研究区域,经过辐射校正和几何校正、裁剪等数据预处理。根据中国科学院土地利用覆盖分类体系,结合研究区实际情况建立耕地、坑塘、建设用地、林地、草地、未利用地、水域 7 个地类。采用支持向量机法(SVM)对研究区进行监督分类:首先根据 7 个地类定义对应的 7 种训练样本,对研究区遥感影像进行解译;其次对样本类间可分离性进行检验,参数值大于 1.9 即说明分离性好,属合格样本;最后采用 SVM 法执行分类过程,2 期数据的分类总体精度均高于 92%。依此法进行土地利用信息提取并结合人工判读,最终获得 2017 年、2021 年 2 期土地利用分类结果。根据泗阳县退圩还湖区湖滨带修复前后的主要土地利用类型,分析生态系统服务功能提升价值。具体分析典型退圩还湖区湖滨带修复对洪泽湖的食物生产、水资源供给等供给服务,气候调节、水文调节等调节服务,土壤保持、维持养分循环等支持服务和美学景观等文化服务的增加效应。

结合泗阳县退圩还湖区湖滨带修复区域的现场实际情况调研,考虑工程对洪泽湖的供给服务、调节服务、支持服务、文化服务可能产生的实际影响,并通过专家问询的方式对谢高地等(2015)制定的价值当量表中的一、二级分类进行了适当合并修正,得到泗阳县退圩还湖区湖滨带各地类单位面积 ESV 当量(表 8-5)和各地类单位面积 ESV 系数(表 8-6)。

表 8-5　泗阳县退圩还湖区湖滨带各地类单位面积 *ESV* 当量

生态系统一级服务功能	生态系统二级服务功能	耕地	坑塘	建设用地	林地	草地	未利用地	水域
供给服务	食物生产	1.11	4.08	0	0.25	0.25	0	0.8
	原料生产	0.25	0.23	0	0.58	0.58	0	0.23
	水资源供给	−1.31	2.59	0	0.30	0.30	0	8.29
调节服务	气体调节	0.89	0.77	0	1.91	1.91	0.02	0.77
	气候调节	0.47	2.29	0	5.71	5.71	0	2.29
	净化环境	0.14	0.17	0	1.67	1.67	0.10	5.55
	水文调节	1.50	24.23	0	3.74	3.74	0.03	102.24
支持服务	土壤保持	0.52	0.93	0	2.32	2.32	0.02	0.93
	维持养分循环	0.16	0.19	0	0.18	0.18	0	0.07
	生物多样性	0.17	2.55	0	2.12	2.12	0.02	2.55
文化服务	美学景观	0.08	0.09	0	0.93	0.93	0.01	1.89

表 8-6　泗阳县退圩还湖区湖滨带各地类单位面积 *ESV* 系数

单位:万元/(km^2 · a)

生态系统一级服务功能	生态系统二级服务功能	耕地	坑塘	建设用地	林地	草地	未利用地	水域
供给服务	食物生产	25.99	4.08	0	5.94	5.94	0	18.82
	原料生产	5.76	0.23	0	13.64	13.64	0	5.41
	水资源供给	−30.69	2.59	0	7.06	7.06	0	194.98
调节服务	气体调节	20.93	0.77	0	44.86	44.86	0.47	18.11
	气候调节	10.94	2.29	0	134.24	134.24	0	53.86
	净化环境	3.18	0.17	0	39.34	39.34	2.35	130.54
	水文调节	36.16	24.23	0	87.85	87.85	0.71	2 404.68
支持服务	土壤保持	12.23	0.93	0	54.63	54.63	0.47	21.87
	维持养分循环	3.65	0.19	0	4.17	4.17	0	1.65
	生物多样性	4.00	2.55	0	49.74	49.74	0.47	59.98
文化服务	美学景观	1.76	0.09	0	21.81	21.81	0.24	44.45

　　根据退圩还湖工程实施前(2017 年)和实施后(2021 年)的遥感影像解译得到泗阳县退圩还湖区湖滨带修复前后各地类面积(表 8-7)。截止到 2021 年 6 月份,泗阳县退圩还湖工程实施结果显示,退圩还湖工程实施前泗阳县退圩还湖区湖滨带水域和坑塘是主要的土地利用类型,面积占比分别为 52.44% 和

32.22%,分别达到 25.35 km² 和 15.58 km²;其次是建设用地,其面积占比达
到 12.04%,为 5.82 km²;耕地、草地、未利用地和林地面积分别为 0.97 km²、
0.29 km²、0.26 km² 和 0.08 km²,面积占比共计 3.32%。退圩还湖工程实施
后泗阳县退圩还湖区湖滨带的土地利用类型发生较大的变化,林地面积出现了
巨大的增长,增加幅度达到 637.5%,由 0.08 km² 增加至 0.59 km²,占比为
1.21%;其次是未利用地,面积增加幅度达到 484.62%,为 1.52 km²,占比为
3.14%;草地面积增加了 0.65 km²,增加幅度 224.14%,占比达到了 1.95%;水域
面积增加最多,达到 10.87 km²,现阶段水域面积为 36.23 km²,占比达到了
74.93%;坑塘、建设用地和耕地面积都出现了不同程度的减少,减少幅度分别
为 65.66%、47.94% 和 27.84%,现阶段的面积分别为 5.35 km²、3.03 km² 和
0.70 km²,占比分别为 11.07%、6.27% 和 1.45%。

表 8-7   泗阳县退圩还湖区湖滨带修复前后各地类面积   单位:km²

	耕地	坑塘	建设用地	林地	草地	未利用地	水域
2017 年	0.97	15.58	5.82	0.08	0.29	0.26	25.35
2021 年	0.70	5.35	3.03	0.59	0.94	1.52	36.23
变化量	−0.27	−10.23	−2.79	0.50	0.65	1.26	10.87
变化幅度/%	−27.84	−65.66	−47.94	637.5	224.14	484.62	42.92

根据土地利用转移矩阵分析的结果(图 8-1),泗阳县退圩还湖区湖滨带修
复阶段,耕地面积转出 0.94 km²,主要转变为建设用地、水域、未利用地和坑
塘,面积分别为 0.22 km²、0.22 km²、0.20 km² 和 0.16 km²;坑塘在此处多为
圈圩,其修复前后面积变化较大,修复后主要转变为水域,面积达到 10.92 km²,
占其总转出面积的 84.65%;退圩还湖工程修复阶段将湖滨带中大量建设用地
转出,其中主要转变为水域、未利用地和坑塘,面积分别为 2.09 km²、0.89 km²
和 0.69 km²,大大提升了原本土地利用类型的水文调节能力;林地、草地和未
利用地是主要的转入土地利用类型,有 0.21 km² 的建设用地和 0.18 km² 的坑
塘转入林地,0.39 km² 的建设用地、0.33 km² 的坑塘和 0.12 km² 的水域转入
草地,0.89 km² 的建设用地、0.29 km² 的坑塘和 0.20 km² 的耕田转入未利用
地;水域面积在修复的过程中增加了 10.87 km²,这得益于 1.75 km² 的坑塘、
0.57 km² 的建设用地和 0.12 km² 的草地被转入水域,使得其面积达到
36.2 km²。总体而言,泗阳县退圩还湖区湖滨带的耕地、坑塘和建设用地以转
出为主,林地、草地、未利用地和水域以转入为主,其中坑塘是最大的转出型土

地利用类型,水域是最大的转入型土地利用类型。

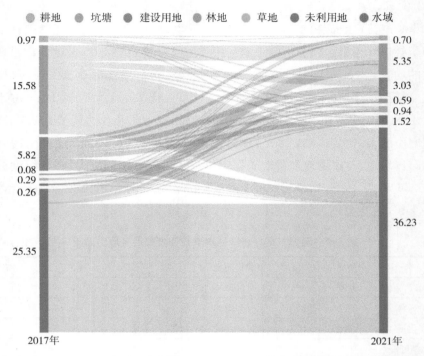

图8-1　泗阳县退圩还湖区湖滨带修复前后土地利用转移矩阵桑基图(单位:km²)

　　泗阳县退圩还湖区湖滨带修复前后的生态系统服务价值变化显著(表8-8),总体呈现增加的趋势,2017年退圩还湖工程实施前的ESV为7.57亿元,2021年退圩还湖工程实施后的ESV为10.80亿元,增加了3.23亿元,增加幅度为42.60%。从生态系统二级服务功能来看,11种二级服务功能均出现了不同程度的增加,具体从变化量来看,退圩环湖工程对水文调节的服务价值影响最大,水文调节ESV增加了2.60亿元,增加幅度达到42.36%;其次是对水资源供给和净化环境的提升,二者的ESV分别增加了0.21亿元和0.15亿元,增加幅度分别为42.60%和44.03%;气候调节、土壤保持、气体调节、原料生产和美学景观均出现了较大幅度的增长,增加幅度均超过了40%,分别达到了48.95%、48.09%、46.47%、46.76%和44.62%,表明退圩还湖工程的实施对湖滨带的生态系统服务价值提升提供了巨大的帮助。

表 8-8　泗阳县退圩还湖区湖滨带修复前后 *ESV*　　　　　单位:亿元

生态系统一级服务功能	生态系统二级服务功能	2017 年	2021 年	变化量	变化幅度/%
供给服务	食物生产	0.06	0.07	0.02	28.67
	原料生产	0.02	0.02	0.01	46.76
	水资源供给	0.50	0.71	0.21	42.60
调节服务	气体调节	0.05	0.07	0.02	46.47
	气候调节	0.15	0.22	0.07	48.95
	净化环境	0.33	0.48	0.15	44.03
	水文调节	6.14	8.74	2.60	42.36
支持服务	土壤保持	0.06	0.09	0.03	48.09
	维持养分循环	0.005	0.007	0.002	39.83
	生物多样性	0.16	0.23	0.07	43.20
文化服务	美学景观	0.11	0.16	0.05	44.62
总计		7.57	10.80	3.23	42.60

8.3　退圩还湖对生态系统服务价值提升效果评价

结合洪泽湖典型退圩还湖区湖滨带修复的技术方案,获取修复前后各土地利用类型的面积(表 8-9)。根据生态系统服务价值估算公式(8-3)得到修复前后各土地利用类型的生态系统服务价值(表 8-10、表 8-11),结果显示洪泽湖典型退圩还湖区湖滨带修复前的生态系统服务价值总计为 53.35 亿元,修复后的生态系统服务价值总计为 112.18 亿元,*ESV* 出现了较明显的增加,共计增加 58.83 亿元。从 *ESV* 的总体组成来看,湖滨带修复前各土地利用类型的 *ESV* 中围网和圈圩的生态系统服务价值最高,分别为 24.08 亿元和 25.11 亿元,占比分别为 45.14% 和 47.07%;其次是自由水面和河口,二者的 *ESV* 分别为 2.02 亿元和 1.32 亿元,占比分别为 3.79% 和 2.46%;水生植被、自然保护区、耕地和光滩的 *ESV* 都小于 1 亿元,分别为 0.50 亿元、0.28 亿元、0.03 亿元和 0.01 亿元,占比之和为 1.52%。

从各种土地利用类型所提供的生态系统一、二级服务功能来看,洪泽湖典型退圩还湖区湖滨带修复前的生态系统一级服务功能中调节服务占据绝大部分,达到了 38.429 亿元,其中二级服务功能中的水文调节占总 *ESV* 的 63.08%,价值达到 33.651 亿元,气候调节也做出了较大的贡献,价值达到 3.239 元,占比为 6.07%;

表 8-9　退圩还湖区湖滨带修复前后各地类面积　　　　单位:km²

修复前土地利用类型	面积	修复后土地利用类型	面积
耕地	2.33	湖滨湿地型	172.25
河口	3.00	调整圩堤	18.43
圈圩	276.84	过水泄洪型	79.34
水生植被	2.75	亲水景观型	32.63
围网	106.18	入湖污染拦截型	71.06
自由水面	4.62	生态廊道型	25.71
自然保护区	4.00	水源地保护型	8.88
光滩	8.60		

　　生态系统一级服务功能中供给服务占比为 17.84%,价值为 9.519 亿元,这与洪泽湖湖滨带的主要土地利用类型为围网和圈圩有关,为周边地区提供了大量的食物、原材料以及水资源,其中食物生产占比最高,达到总 ESV 的 10.29%,价值为 5.491 亿元,其次是水资源供给,占比达到 6.94%,价值为 3.70 亿元;支持服务的 ESV 占总 ESV 的 9.69%,总价值为 5.17 亿元,其中生物多样性的服务功能价值最高,达到了 3.583 亿元,占总 ESV 的 6.72%,其次是土壤保持的服务功能,占比为 2.49%,价值达到了 1.327 亿元;生态系统一级服务功能中文化服务是占比最小的,仅为 0.43%,总价值为 0.23 亿元。

表 8-10　退圩还湖区湖滨带修复前各地类 ESV　　　　单位:亿元

生态系统一级服务功能	生态系统二级服务功能	耕地	河口	圈圩	水生植被	围网	自由水面	自然保护区	光滩	总和
供给服务	食物生产	0.009	0.008	3.941	0.005	1.511	0.013	0.004	0	5.491
	原料生产	0.002	0.002	0.222	0.005	0.085	0.004	0.008	0	0.328
	水资源供给	−0.011	0.087	2.502	0.025	0.959	0.134	0.004	0	3.700
调节服务	气体调节	0.007	0.008	0.744	0.018	0.285	0.012	0.027	0.001	1.102
	气候调节	0.004	0.024	2.212	0.035	0.848	0.037	0.080	0	3.239
	净化环境	0.001	0.058	0.164	0.035	0.063	0.089	0.023	0.003	0.437
	水文调节	0.012	1.070	11.697	0.232	18.938	1.648	0.052	0.001	33.651
支持服务	土壤保持	0.004	0.010	0.898	0.022	0.345	0.015	0.032	0.001	1.327
	维持养分循环	0.001	0.001	0.184	0.002	0.070	0.001	0.002	0	0.261
	生物多样性	0.001	0.027	2.463	0.076	0.945	0.041	0.030	0.001	3.583
文化服务	美学景观	0.001	0.020	0.087	0.045	0.033	0.030	0.013	0.001	0.230

　　洪泽湖典型退圩还湖区湖滨带修复后的生态系统服务价值总计为 113.8 亿元,从 ESV 的总体组成来看,湖滨带修复后各土地利用类型的 ESV 中过水泄洪型、滨湖湿地型和入湖污染拦截型的生态系统服务价值最高,均 超过了 20%,分别为 30.55%、27.47% 和 20.52%,价值分别为 34.76 亿元、 31.26 亿元和 23.35 亿元;其次是生态廊道型,占比超过了 10%,为 10.41%,价值为 11.84 亿元;调整圩堤、水源地保护型和亲水景观型所提供 的 ESV 最小,分别为 8.06 亿元、3.97 亿元和 0.54 亿元,占比分别为 7.08%、3.49% 和 0.47%。

表 8-11　退圩还湖区湖滨带修复后各地类 ESV　　　　单位:亿元

生态系统一级服务功能	生态系统二级服务功能	滨湖湿地型	调整圩堤	过水泄洪型	亲水景观型	入湖污染拦截型	生态廊道型	水源地保护型	总和
供给服务	食物生产	0.31	0.05	0.22	0	0.20	0.07	0.02	0.87
	原料生产	0.30	0.01	0.06	0	0.06	0.02	0.01	0.46
	水资源供给	1.56	0.53	2.29	0	2.06	0.74	0.34	7.52
调节服务	气体调节	1.14	0.05	0.21	0	0.33	0.12	0.02	1.88
	气候调节	2.16	0.15	0.63	0	0.73	0.26	0.07	4.01
	净化环境	2.16	0.36	1.54	0	2.75	0.41	0.17	7.39
	水文调节	14.56	6.57	28.30	0	15.68	9.17	3.17	77.45
支持服务	土壤保持	1.39	0.06	0.26	0	0.40	0.15	0.03	2.28
	维持养分循环	0.11	0.00	0.02	0	0.04	0.01	0	0.18
	生物多样性	4.73	0.16	0.71	0	0.63	0.47	0.08	6.78
文化服务	美学景观	2.84	0.12	0.52	0.54	0.47	0.42	0.06	4.98

　　从各种土地利用类型所提供的生态系统一、二级服务功能来看,洪泽湖典 型退圩还湖区湖滨带修复后的生态系统一级服务功能中调节服务占据绝大部 分,达到了 90.71 亿元,其中二级服务功能中以水文调节的服务价值最高,占总 ESV 的 68.07%,价值达到 77.45 亿元,气候调节也做出了较大的贡献,价值达 到 4.01 亿元,占比为 3.52%;其次是支持服务,其 ESV 占总 ESV 的 8.12%, 总价值为 9.24 亿元,其中生物多样性的服务功能价值最高,达到了 6.78 亿元, 占总 ESV 的 5.96%,土壤保持的服务功能占比为 2.01%,价值达到了 2.28 亿 元;供给服务占比为 7.78%,价值为 8.86 亿元,其中水资源供给所提供的 ESV 最高,达到了 7.52 亿元,占总 ESV 的 6.61%,仅次于水文调节服务功能,其次

是食物生产和原料生产,价值分别为 0.87 亿元和 0.46 亿元,占比分别为 0.76% 和 0.41%,这与洪泽湖湖滨带在进行修复后,恢复了大量的自由水面,为水源地的调蓄、保护以及水文的调节做出了巨大贡献有关;文化服务占比是最小的,仅为 4.37%,总价值为 4.98 亿元。

结合退圩还湖区湖滨带生态系统二级服务功能修复前后 ESV 来看(图 8-2),洪泽湖典型退圩还湖区湖滨带修复前的生态系统服务功能价值主要由面积最大的围网和圈圩提供,虽然二者对食物生产等做出了巨大贡献,但是它们的存在也大大削减了洪泽湖湖滨带地区的净化环境和水文调节的功能。根据周扬等(2020)对洪泽湖围垦影响的分析,由于洪泽湖圈圩等围垦地的存在,在洪泽湖水位为 13.5 m 的情况下,洪泽湖库容减少了 3.963 亿 m^3,对洪泽湖的水文调节等功能造成了巨大的影响,降低了洪泽湖湖滨带地区的生态系统服务功能。因此,在对其进行修复后,洪泽湖湖滨带的生态系统二级服务价值出现了较大的改变,其中出现减少的是食物生产、原料生产和维持养分循环,出现增长的是水资源供给、气体调节、气候调节、净化环境、水文调节、土壤保持、生物多样性和美学景观,其中水文调节出现了较大的增长,ESV 增加 43.80 亿元。虽然退圩还湖修复后确实会减少当地的供给服务功能,例如淡水养殖业会受到巨大的影响导致渔业捕获量减少等,以及建设的一批丰富文化服务价值的亲水景观型会在一定程度上影响到湖滨带的维持养分循环功能,但是维持养分循环的服务功能价值较小,以及修复后湖滨带在水文调节、水资源供给和美学景观等

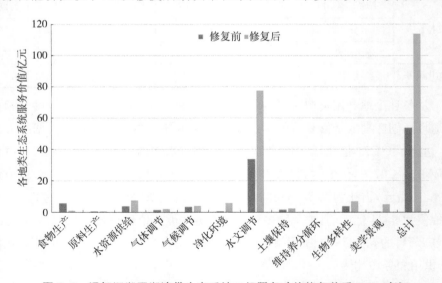

图 8-2 退圩还湖区湖滨带生态系统二级服务功能修复前后 ESV 对比

方面的生态系统服务价值出现了较大程度的增长。这说明了随着退圩还湖工程的实施,对洪泽湖湖滨带现有的主要土地利用类型围网和圈圩做修复后,当地的生态环境质量会得到极大的提升,湖泊的库容会因此而出现一定增加,对水文调节、水资源供给以及美学景观等方面做出了较大的贡献。

针对环湖地区各区县退圩还湖区湖滨带修复前后各地类面积进行统计分析(表8-12),淮阴区共计有退圩还湖区 16.79 km^2,其中围网面积为 11.10 km^2,圈圩面积为 5.69 km^2;洪泽区共计有退圩还湖区 103.04 km^2,其中圈圩和围网面积占绝大多数,分别为 70.98 km^2 和 26.74 km^2,其余土地利用类型分别为河口、水生植被和耕地,面积分别为 2.64 km^2、1.40 km^2 和 1.28 km^2;宿城区的退圩还湖区由圈圩和围网组成,面积分别为 21.24 km^2 和 1.69 km^2;泗阳县有围网共计 23.75 km^2,圈圩 16.53 km^2,光滩 8.22 km^2 和自由水面 3.12 km^2;盱眙县的退圩还湖区以圈圩为主,面积为 32.39 km^2,其次是围网,面积为 6.56 km^2,水生植被和河口面积分别为 1.35 km^2 和 0.16 km^2;泗洪县的退圩还湖区面积在所有区县中最大,达到了 173.48 km^2,其中圈圩面积最大,为 130.01 km^2,其

表 8-12　环湖地区各区县退圩还湖区湖滨带修复前后各地类面积　单位:km^2

	土地利用类型	淮阴区	洪泽区	宿城区	泗阳县	盱眙县	泗洪县
修复前	耕地	0	1.28	0	0	0	1.05
	河口	0	2.64	0	0	0.16	0.20
	圈圩	5.69	70.98	21.24	16.53	32.39	130.01
	水生植被	0	1.40	0	0	1.35	0
	围网	11.10	26.74	1.69	23.75	6.56	36.34
	自由水面	0	0	0	3.12	0	1.50
	自然保护区	0	0	0	0	0	4.00
	光滩	0	0	0	8.22	0	0.38
修复后	滨湖湿地型	7.78	20.24	7.48	35.81	17.21	83.74
	调整圩堤	0	5.24	0	0	0	13.19
	过水泄洪型	0	77.55	0	0	1.78	0
	亲水景观型	0	0	0	5.63	12.63	14.38
	入湖污染拦截型	9.01	0	15.45	4.21	1.34	41.05
	生态廊道型	0	0	0	0	7.50	18.21
	水源地保护型	0	0	0	5.98	0	2.90

次是围网,面积为 36.34 km²,自由保护区、自由水面、耕地、光滩和河口面积分别为 4.00 km²、1.50 km²、1.05 km²、0.38 km² 和 0.20 km²。

退圩还湖规划实施后,淮阴区湖滨带的主要土地利用类型将转变为入湖污染拦截型和滨湖湿地型,面积分别为 9.01 km² 和 7.78 km²;洪泽区的退圩还湖区将主要修复为过水泄洪型、滨湖湿地型和调整圩堤,面积分别为 77.55 km²、20.24 km² 和 5.24 km²;宿城区的主要修复类型为入湖污染拦截型和滨湖湿地型,面积分别为 15.45 km² 和 7.48 km²;泗阳县的修复类型分别为滨湖湿地型(35.81 km²)、水源地保护型(5.98 km²)、亲水景观型(5.63 km²)和入湖污染拦截型(4.21 km²);盱眙县的主要修复类型分别为滨湖湿地型(17.21 km²)、亲水景观型(12.63 km²)、生态廊道型(7.50 km²)、过水泄洪型(1.78 km²)和入湖污染拦截型(1.34 km²);泗洪县的修复类型主要为滨湖湿地型、入湖污染拦截型、生态廊道型、亲水景观型、调整圩堤和水源地保护型,面积分别为 83.74 km²、41.05 km²、18.21 km²、14.38 km²、13.19 km² 和 2.90 km²。

根据洪泽湖环湖地区各区县退圩还湖区湖滨带修复前后各地类面积和生态系统服务价值估算公式(8-2)、公式(8-3)得到环湖地区各区县退圩还湖区湖滨带修复前后的生态系统服务价值(表 8-13),结果显示环湖各区县的退圩还湖区湖滨带生态系统服务价值均出现了一定程度的增加,其中淮阴区增加 1.34 亿元,增加幅度为 44.10%;洪泽区增加 26.02 亿元,增加幅度为 186.78%;宿城区增加 4.12 亿元,增加幅度为 178.46%;泗阳县增加 2.39 亿元,增加幅度为 28.94%,这与上一节中基于遥感影像解译情况下评估得到增加了 3.23 亿元、增加幅度为 42.60% 的结果相似;盱眙县增加 3.27 亿元,增加幅度为 68.92%;泗洪县增加 23.32 亿元,增加幅度为 110.67%。分析增加的原因主要是圈圩和围网等主要土地利用类型退出,修复后成为入湖污染拦截型和过水泄洪型等土地利用类型。这一修复过程大大提高了退圩还湖区湖滨带的生态调节服务,包括了净化环境、气候调节等,尤其是水文调节服务;其次是大大增加了各土地利用类型的支持服务能力,增强了当地的生物多样性和土壤保持的功能。

表 8-13　环湖地区各区县退圩还湖区湖滨带修复前后 *ESV*　单位:亿元

	淮阴区	洪泽区	宿城区	泗阳县	盱眙县	泗洪县
修复前	3.03	13.93	2.31	8.26	4.74	21.07

	淮阴区	洪泽区	宿城区	泗阳县	盱眙县	泗洪县
修复后	4.37	39.69	6.43	10.65	8.01	44.39
变化量	1.34	25.76	4.12	2.39	3.27	23.32
变化幅度/%	44.22	184.92	178.35	28.94	68.99	110.67

在基于当量因子法计算生态系统服务价值时应当注意到,土地利用变化虽然是影响 ESV 变化的重要因素,但是不同土地利用类型的生态系统服务价值系数对 ESV 的影响也是不容忽视的(戚丽萍等,2021)。在魏佳豪等(2022)对洪泽湖环湖地区生态系统服务价值的评估研究中,洪泽湖环湖地区内水域以小于 10% 的面积占比贡献了超过 68% 的 ESV,这主要是因为水域的生态系统服务价值系数远高于其他地类,这会对水域 ESV 在总 ESV 中的占比造成重要影响,但同时也在一定程度上证明了水域对环湖地区生态系统服务具有重要的价值意义。这与谢高地等(2015)在制定中国生态系统服务价值系数表时对广大研究者提出的建议一致,即本章节基于当量因子法对生态系统服务价值进行估算,在实际应用中较为简单、易于操作和结果便于比较,可以实现对生态系统服务价值的快速核算。当量因子表的准确构建是当量因子法的核心,在对原有当量因子表的改进过程中,一方面,本章节采用了资料整合、现场观测和专家问询的方法,这借鉴了基于实物估算的方法,也避免或者减少了单纯依靠专家经验打分易于导致的主观臆断性;另一方面,由于生态系统本身的复杂性,受环境和生物条件的影响,其服务功能的大小和类型存在显著差异,因此,客观上需要将生态系统类型和服务功能类别进行尽可能的精细区分。但由于相关研究的缺乏而导致部分类型生态系统服务功能相关参数和结果的缺乏,只得对二级生态系统分类进行调整与合并,如不区分亲水景观型地类中不同景观的价值等,其对评价结果的影响还有待于开展进一步的研究分析。

8.4 洪泽湖典型退圩还湖区湖滨带修复生态环境效益评估

评估结果显示,洪泽湖典型退圩还湖区湖滨带修复将给退圩还湖区的生态系统服务价值带来 60.46 亿元的增长,增加幅度达 113.33%,修复后的退圩还湖区整体将处在一个生态效益较高的状态;同时,针对泗阳县退圩还湖工程的生态环境效益评价也显示了退圩还湖工程的实施对该地区生态系统服务价值的提升也是显著的,ESV 的增加量达到了 3.23 亿元,增加幅度达到 42.60%。

退圩还湖区生态系统的调节服务功能、支持服务功能和文化服务功能都将得到一定的提升,供给服务功能中食物和原料的生产虽然有所减少,但是其水源涵养、水资源供给的服务功能将得到一定的提升,其生态保护功能将得到有效的完善,可以实现促进洪泽湖湖泊生态系统健康发展,构建独具洪泽湖特色的生态修复体系的美好愿景。随着各项目的陆续开展、完成,基本能达到修复湖滨生态岸线、构筑湖滨生态带、扭转湿地持续退化趋势、提升湖泊湿地系统涵养功能,营造栖息地生境、净化水源地水质,重现洪泽湖湿地生机,提高入湖河道生态自净能力,恢复船只拆解区生态环境、保护水文化遗产的目标,在提升沿线居民的幸福感、满足居民的文化需求、促进人们爱水和节水意识的同时,起到生态修复工程的示范引领效应。该工程能保证洪泽湖全湖生态系统的良性发展,将实现生态效益、经济效益、社会效益的有机结合,是维持洪泽湖可持续健康发展的可靠保障。

9 结　语

（1）洪泽湖湖滨带范围。湖滨带是湖泊水陆生态交错带，是湖泊生态系统不可缺少的有机组成部分，其生态保护与修复对提高湖泊水体自我修复能力，改善湖泊生态环境具有重要作用。洪泽湖湖滨带范围以蓄水保护范围线为基线，参考丰水期高水位淹没范围和枯水期低水位淹没范围，确定洪泽湖湖滨带基准宽度为1 km，湖滨带范围面积共 654.53 km²。

（2）洪泽湖湖滨带生境类型划分。遥感解译和历史资料分析显示，20 世纪80 年代以来，洪泽湖圈圩、围网扩展迅速，2000 年洪泽湖圈圩格局基本形成，面积超过 300 km²，2020 年自由水面面积为 1 332.2 km²，自由水面率为 74.8%。参考国内相关研究，根据洪泽湖湖滨带自然地理、土地利用特征和遥感影像解译结果，洪泽湖湖滨带划分为围网型、圈圩型、村落型、林地型、水生植被型、河口型、码头型、耕地型、湿地公园、光滩型和大堤型 11 种类型。其中，圈圩型数量最多，且占地面积最大，约占湖滨带总面积的 50.2%。其次是围网型，占湖滨带总面积的 28.3%。光滩型、水生植被型、河口型、大堤型、码头型、湿地公园型湖滨带面积分别为 37.97 km²、36.29 km²、25.09 km²、22.18 km²、8.37 km²、6.44 km²，分别占湖滨带总面积的 5.8%、5.5%、3.8%、3.4%、1.3%、1.0%。其他湖滨带类型，例如村落型、林地型、耕地型占比较少，均不足 1%。

（3）洪泽湖湖滨带水生态系统特征与生境质量评价。洪泽湖湖滨带水质总体为Ⅴ～劣Ⅴ类，超标因子主要是总氮、总磷、高锰酸盐指数，表明营养盐和有机质污染较为严重；总体处于轻度—中度富营养状态，成子湖富营养化程度较为严重，成子湖东岸存在蓝藻水华情况。高桥河、维桥河、肖河、马化河等中小河流水质普遍较差，总磷、氨氮、化学需氧量、五日生化需氧量超标普遍，威胁着湖滨带生态系统。

水生植物：洪泽湖湖滨带记录到水生植物18种，优势种主要为耐富营养的种类（菱、荇菜、穗状狐尾藻、篦齿眼子菜等）；与十年前相比，微齿眼子菜频度显著降低，而富营养种类菱和穗状狐尾藻频度显著上升。

浮游植物：湖滨带夏季藻类丰度高达4 725.95万个/L，蓝藻门丰度为3 921.5万个/L，优势种多为浮游蓝丝藻和微囊藻。成子湖湖区和东部沿岸是丰度高值区域，且存在蓝藻水华问题。

浮游动物：共采集到46种，平均丰度为821.65 ind./L，平均生物量为1 247.45μg/L。圈圩型、河口型湖滨带浮游动物均匀度最低，开发利用程度较低的成子湖西岸湖滨带浮游动物丰度最高，物种数最多。

底栖动物：共采集到51种，隶属3门7纲17目26科44属，主要为昆虫纲的摇蚊科幼虫，双壳纲和腹足纲种类也较多，密度低值出现在东部大堤和成子湖东部湖滨带。底栖动物优势种多为耐污种，底栖动物多样性较低；圈圩、围网主要通过影响总氮、Chl-a、水生植物盖度、扰动指数、SS和SD等间接影响大型底栖动物群落结构。

生境评价：结果表明湖滨带生境总体呈现一般至较差水平，其中过水通道区域生境状态最差。部分点位受风浪扰动较大，生境不稳定，且受到高强度人类活动影响，生境受损严重。

（4）洪泽湖典型退圩还湖区湖滨带空间重构与生境优化。湖滨带空间重构与生境优化及修复的主要目的是对因人类围垦活动而改变的湖滨带地形地貌进行修复与改造，从而缓解风浪、水流等不利水文条件对湖滨带生物的负面影响，保持湖滨带物理基底的相对稳定，为水生生物群落的稳定演替提供基础。基于其生态特征和功能定位，将洪泽湖退圩还湖区湖滨带分为6种修复类型：入湖污染拦截型、亲水景观型、滨湖湿地型、生态廊道型、过水泄洪型及水源地保护型。针对上述湖滨带类型，结合国内外生境优化技术，湖滨带空间重构和生境优化采用以下三种技术：一是生态河口技术，以河口前置库和湖滨带湿地等为主要整治措施，提升入湖河流水环境的自我修复和净化能力。二是生态岸坡技术，利用退圩还湖产生的弃土，在迎湖堤近岸设置缓坡带，既利于近岸带的生态修复和景观美化，又可减缓洪水对迎湖堤的直接冲刷。三是生态浅埂技术，对部分临岸堤埂不进行全部拆除，仅削除堤埂顶部土壤，使得堤埂顶部高程低于常水位，形成水下浅埂或浅滩，有效削减风浪扰动强度，改善水环境的稳定性，促进水生植物的快速繁殖。此外，浅埂可增强湖滨带水生植物缓解水位剧烈波动的胁迫的能力；高水位条件下，浅埂上水生植物可以获取更多的光满足正常的生长；低水位条件下，浅埂可拦截部分湖水,避免水生植物缺水枯萎。根据不同地理位置的湖滨带具有的生态退化特征,通过上述技术的应用,营造近自然湖滨带生境,提高生境多样性,为水生生物群落的成功定植和生态系统的稳定性奠定基础。

(5)洪泽湖水生植物群落结构特征、不同修复类型的湖滨带生态修复方案。洪泽湖水生植物群落的演变规律可为生态修复过程中物种配置提供重要的理论支撑。水生植物连续监测结果显示,洪泽湖挺水植物带分布较广,优势种为芦苇、菰和香蒲;沉水植物带主要分布在溧河洼,优势种为穗状狐尾藻、竹叶眼子菜和篦齿眼子菜;浮叶植物带面积较小,优势种为菱和荇菜。本书基于湖滨带植物群落结构现状与生境调查,分析洪泽湖水生植物优势种对水质条件、基底性状以及水下地形等环境特征的适应性,明确不同物种适宜的生境条件,提出水生植物潜在恢复区。遵循水生植物群落的演替规律,在本土物种中筛选较大的生态耐受范围的先锋植物种类,以适应初期的生境环境。坚持自然恢复为主的原则,遵循湖滨带水陆生态系统的作用及变化规律,依据湖滨带地形和水位水动力,提出乔灌木带—挺水植物带—浮叶植物带—沉水植物带的全系列修复模式或缺失部分植物带的半系列修复模式,构建退圩还湖区湖滨带健康的植物群落结构,提高湖滨生态系统的多样性和稳定性。在此基础上,本书根据洪泽湖生态修复工程总体布局,选择具有生态修复代表性的区域,因地制宜地进行基底地形地貌的改造,并进行植物各种群组成的平面布局设计等,编制典型湖滨带生态修复工程方案。

(6)洪泽湖典型退圩还湖区生态修复工程方案。根据洪泽湖生态修复工程总体布局,结合旅游发展、产业转型等要素,选择具有生态修复代表性、针对性或迫切性的区域,编制典型湖滨带生态修复工程方案。针对不同类型的湖滨带,结合消浪技术、基底修复技术,在详尽调查、观测和研究的基础上,根据湖滨带基底条件,按照基底保育型、基底修复型与基底重建型,因地制宜地进行基底地形地貌的改造、基底稳定性的维护,营造适宜与多样性的生长环境。结合湖滨带生境条件修复状况以及植被分布现状等因素,运用生物群落结构设计的基本原理,进行各种群组成的比例和数量、种群的平面布局、生物群落的垂直结构设计等,综合提出退圩还湖湖滨带生态修复方案。拟选择五河和临淮镇分别提出入湖污染拦截型生态修复、湖滨湿地型生态修复和亲水景观型湖滨带生态修复方案。

(7)洪泽湖典型退圩还湖区湖滨带修复的生态环境效益评估。针对洪泽湖特征,从供给服务、调节服务、支持服务、文化服务等方面提出了退圩还湖区湖滨带生态服务功能评价方法,确定了当量系数。结合泗阳县退圩还湖工程情况,评价结果显示泗阳县退圩还湖工程提升生态系统服务功能价值 3.23 亿元。

结合退圩还湖规划与生态修复情景,洪泽湖典型退圩还湖区湖滨带修复将给退圩还湖区的生态系统服务价值带来 60.46 亿元的增长,增加幅度达 113.33%。

退圩还湖区生态系统的调节服务功能、支持服务功能和文化服务功能都将得到一定的提升,供给服务功能中食物和原料的生产虽然有所减少,但是其水源涵养、水资源供给的服务功能都将得到提升,其生态保护功能将得到有效完善,洪泽湖退圩还湖与生态修复工程实施将实现生态效益、经济效益、社会效益的有机结合,为洪泽湖可持续健康发展提供可靠保障。

参考文献

[1] BARKO J W, GUNNISON D, CARPENTER S R. Sediment interactions with submersed macrophyte growth and community dynamics[J]. Aquatic Botany, 1991, 41(1-3):41-65.

[2] COSTANZA R, D′ARGE R, DE GROOT R, et al. The value of the world's ecosystem services and natural capital[J]. Nature, 1997, 387(6630): 253-260.

[3] DAILY G C, SÖDERQVIST T, ANIYAR S, et al. The value of nature and the nature of value[J]. Science, 2000, 289(5478): 395-396.

[4] EGGLETON F E. A limnological study of the profundal bottom fauna of certain freshwater lakes [J]. Ecological Monographs, 1931, 1(3):232-331.

[5] GELWICK F P, MATTHEWS W J. Temporal and spatial patterns in littoral-zone fish assemblages of a reservoir (Lake Texoma, Oklahoma-Texas, U. S. A.) [J]. Environmental Biology of Fishes, 1990, 27(2): 107-206.

[6] GIDO K B, HARGRAVE C W, MATTHEWS W J, et al. Structure of littoral-zone fish communities in relation to habitat, physical, and chemical gradients in a southern reservoir [J]. Environmental Biology of Fishes, 2002,63(3):253-263.

[7] GUAN Q, FENG L, HOU X, et al. Eutrophication changes in fifty large lakes on the Yangtze Plain of China derived from MERIS and OLCI observations[J]. Remote Sensing of Environment, 2020, 246:111890.

[8] GU X C, LONG A H, LIU G H, et al. Changes in ecosystem service value in the 1 km lakeshore zone of Poyang lake from 1980 to 2020[J]. Land, 2021, 10(9): 951.

[9] HOU X, FENG L, TANG J, et al. Anthropogenic transformation of Yangtze Plain freshwater lakes: patterns, drivers and impacts[J]. Remote Sensing of Environment, 2020, 248:111998.

[10] HOLLAND M M. SCOPE/MAB technical consultations on landscape boundaries: Report of a SCOPE/MAB workshop on ecotones [J]. Biological International (Special Issue),1988,17:46-106.

[11] KAREIVA P, MARVIER M. Conserving biodiversity coldspots [J]. American Scientist, 2003,4(91): 344-351.

[12] LEE Z P, DU K P, ARNONE R. A model for the diffuse attenuation coefficient of

downwelling irradiance[J]. Journal of Geophysical Research: Oceans, 2005, 110(C2): C02016.

[13] CLEMENTS F E. Research Methods in Ecology [M]. Charleston: Nabu Press,1905.

[14] NILSSON C, SVEDMARK M. Basic principles and ecological consequences of changing water regimes: Riparian plant communities [J]. Environmental Management, 2002, 30(4): 468-480.

[15] PLATT T, LEWIS M, GEIDER R. Thermodynamics of the pelagic ecosystem: Elementary closure conditions for biological production in the open ocean[C]//FASHAM M J R. Flows of Energy and Materials in Marine Ecosystems: Theory and Practice. Boston, MA: Springer, 1984: 49-84.

[16] SASAKI T, FURUKAWA T, IWASAKI Y, et al. Perspectives for ecosystem management based on ecosystem resilience and ecological thresholds against multiple and stochastic disturbances[J]. Ecological Indicators, 2015, 57: 395-408.

[17] SCHMIEDER K. European lake shores in danger - concepts for a sustainable development[J]. Limnologica-Ecology and Management of Inland Waters, 2004, 34 (1): 3-14.

[18] STUCKEY R L. Changes of vascular aquatic flowering plants during 70 years in Put-in-Bay Harbor, Lake Erie, Ohio[J]. The Ohio Journal of Science, 1971 (71): 321-342.

[19] SU H J, WU Y, XIA W L, et al. Stoichiometric mechanisms of regime shifts in freshwater ecosystem[J]. Water Research, 2019, 149:302-310.

[20] TANSLEY K. The effect of vitamin A deficiency on the development of the retina and on the first appearance of visual purple [J]. Biochemical Journal, 1936, 30(5):839-844.

[21] WETZEL R G. Land-water interfaces: Metabolic and limnological regulators [J]. SIL Proceedings, 1922-2010, 1990, 24(1): 6-24.

[22] WETZEL R G, BRAMMER E S, FORSBERG C. Photosynthesis of submersed macrophytes in acidified lakes. I. Carbon fluxes and recycling of CO_2 in Juncus bulbosus [J]. Aquatic Botany, 1984, 19(3-4): 329-342.

[23] YU Z Y, BI H. Status quo of research on ecosystem services value in China and suggestions to future research [J]. Energy Procedia, 2011, 5: 1044-1048.

[24] ZHANG B, LI W H, XIE G D. Ecosystem services research in China: Progress and perspective [J]. Ecological Economics,2010, 69(7): 1389-1395.

[25] 白永飞,张丽霞,张焱,等. 内蒙古锡林河流域草原群落植物功能群组成沿水热梯度变化的样带研究[J]. 植物生态学报，2002，26(3):308-316.

[26] 鲍建平，缪为民，李劫夫，等. 太湖水生维管束植物及其合理开发利用的调查研究 [J]. 大连水产学院学报，1991，6(1)：13-20.

[27] 陈开宁，陈小峰，陈伟民，等. 不同基质对四种沉水植物生长的影响[J]. 应用生态学报，2006，17(8)：1511-1516.

[28] 陈耀东，马欣堂，杜玉芬，等. 中国水生植物[M]. 郑州：河南科学技术出版社，2012.

[29] 何文凯，曹特，倪乐意，等. 洱海底泥特性对七种沉水植物生长的影响[J]. 水生生物学报，2017，41(2)：428-436.

[30] 侯元兆，吴水荣. 森林生态服务价值评价与补偿研究综述[J]. 世界林业研究，2005 (3)：1-5.

[31] 胡毅，乔伟峰，何天祺. 江淮生态经济区土地利用格局及生态系统服务价值变化[J]. 长江流域资源与环境，2020，29(11)：2450-2461.

[32] 姜汉侨，段昌群，杨树华，等. 植物生态学[M]. 2版. 北京：高等教育出版社，2010.

[33] 李娜，施坤，张运林，等. 基于MODIS影像的洪泽湖水生植被覆盖时空变化特征及影响因素分析[J]. 环境科学，2019，40(10)：4487-4496.

[34] 李潇，吴克宁，刘亚男，等. 基于生态系统服务的山水林田湖草生态保护修复研究——以南太行地区鹤山区为例[J]. 生态学报，2019，39(23)：8806-8816.

[35] 李英杰，金相灿，胡社荣，等. 湖滨带类型划分研究[J]. 环境科学与技术，2008 (7)：21-24.

[36] 《洪泽湖渔业史》编写组. 洪泽湖渔业史[M]. 南京：江苏科学技术出版社，1990.

[37] 李波，濮培民. 淮河流域及洪泽湖水质的演变趋势分析[J]. 长江流域资源与环境，2003，12(1)：67-73.

[38] 林勇，刘述锡，关道明，等. 基于GIS的虾夷扇贝养殖适宜性综合评价——以北黄海大小长山岛为例[J]. 生态学报，2014，34(20)：5984-5992.

[39] 欧阳志云，王效科，苗鸿. 中国生态环境敏感性及其区域差异规律研究[J]. 生态学报，2000(1)：9-12.

[40] 欧阳志云，王效科，苗鸿. 中国陆地生态系统服务功能及其生态经济价值的初步研究[J]. 生态学报，1999(5)：607-613.

[41] 王洪铸. 湖滨带的基本概念(代前言)[J]. 长江流域资源与环境，2012，21(S2)：1-2.

[42] 郑培儒，尚晓，叶春，等. 自然滩地型湖滨带陆向辐射带宽度界定研究[J]. 环境科学研究，2021，34(4)：953-963.

[43] 胡小贞，许秋瑾，金相灿，等. 湖泊底质与水生植物相互作用综述[J]. 生物学杂志，2011，28(2)：73-76.

[44] 胡智弢，孙红文，谭媛. 湖泊沉积物对N和P的吸附特性及影响因素研究[J]. 农业环境科学学报，2004，23(6)：1212-1216.

[45] 方金琪. 我国历史时期的湖泊围垦与湖泊退缩[J]. 地理环境研究，1989(1)：71-78.

[46] 江红星，徐文彬，钱法文，等. 栖息地演变与人为干扰对升金湖越冬水鸟的影响[J].
    应用生态学报，2007,18(8):1832-1836.

[47] 陶善信. 劳动价值论与效用价值论的比较分析[J]. 安徽工业大学学报(社会科学版)，
    2017,34(3):10-12.

[48] 王俊，王轶虹，高士佩，等. 退圩还湖工程实施方案及其对湖泊环境影响分析[J]. 人
    民长江，2020,51(1):44-49.

[49] 叶春，李春华，陈小刚，等. 太湖湖滨带类型划分及生态修复模式研究[J]. 湖泊科
    学，2012,24(6):822-828.

[50] 尹延震，储昭升，赵明，等. 洱海湖滨带水质的时空变化规律[J]. 中国环境科学，
    2011,31(7):1192-1196.

[51] 钱一武. 北京市门头沟区生态修复综合效益价值评估研究[D]. 北京:北京林业大
    学，2011.

[52] 谢高地，甄霖，鲁春霞，等. 一个基于专家知识的生态系统服务价值化方法[J]. 自然
    资源学报，2008,23(5):911-919.

[53] 叶尔纳尔·胡马尔汗，马伟波，徐向华，等. 铁矿生态修复区生态系统服务价值增量
    评估[J]. 农业资源与环境学报，2020,37(4):594-600.

[54] 杨艳琳. 自然资源价值论——劳动价值论角度的解释及其意义[J]. 经济评论，2002
    (1):52-55.

[55] 金旻，贾志清，卢琦. 浑善达克沙地防沙治沙综合治理模式及效益评价——以多伦县
    为例[J]. 林业科学研究，2006(3):321-325.

[56] 王景升，李文华，任青山，等. 西藏森林生态系统服务价值[J]. 自然资源学报，2007,
    22(5):831-841.

[57] 涂小松，龙花楼. 2000—2010年鄱阳湖地区生态系统服务价值空间格局及其动态演
    化[J]. 资源科学，2015,37(12):2451-2460.

[58] 谢高地，张彩霞，张雷明，等. 基于单位面积价值当量因子的生态系统服务价值化方
    法改进[J]. 自然资源学报，2015,30(8):1243-1254.

[59] 刘桂林，张落成，张倩. 长三角地区土地利用时空变化对生态系统服务价值的影响
    [J]. 生态学报，2014,34(12):3311-3319.

[60] 江苏省统计局,国家统计局江苏调查总队. 2015江苏统计年鉴[M]. 北京:中国统计
    出版社，2015.

[61] 江苏省水利勘测设计研究院. 洪泽湖近岸生态修复示范建设实施规划[Z]. 2021.

[62] 中华人民共和国国家统计局. 2004中国统计年鉴[M]. 北京:中国统计出版社，2004.

[63] 刘昉勋，唐述虞. 洪泽湖综合开发中水生植、被的利用及其生态学任务[J]. 生态学杂
    志，1986,5(5):47-50.

[64] 刘伟龙，邓伟，王根绪，等. 洪泽湖水生植被现状及过去50多年的变化特征研究[J].

水生态学杂志，2009，30(6)：1-8.

[65] 刘伟龙，胡维平，陈永根，等. 西太湖水生植物时空变化[J]. 生态学报，2007，27(1)：159-170.

[66] 马梦洁，李定龙，张毅敏，等. 不同底质和扦插方式对沉水植物恢复生长的影响[J]. 常州大学学报(自然科学版)，2017，29(4)：87-92.

[67] 邱东茹，吴振斌，刘保元，等. 武汉东湖水生植被的恢复试验研究[J]. 湖泊科学，1997，9(2)：168-174.

[68] 阮仁宗，冯学智，肖鹏峰，等. 洪泽湖天然湿地的长期变化研究[J]. 南京林业大学学报(自然科学版)，2005，29(4)：57-60.

[69] 时志强，张运林，蔡同锋. 长江中下游浅水湖泊悬浮颗粒物吸收系数测定方法探讨[J]. 湖泊科学，2015，5(3)：519-526.

[70] 孙一香，庄瑶，王中生，等. 芦苇对疏浚后基底环境的光合生理及生长响应[J]. 南京林业大学学报(自然科学版)，2010，34(6)：71-76.

[71] 田自强，郑丙辉，张雷，等. 西太湖湖滨带已恢复与受损芦苇湿地环境功能比较[J]. 生态学报，2006，26(8)：2625-2632.

[72] 王国祥，马向东，常青. 洪泽湖湿地:江苏泗洪洪泽湖湿地国家级自然保护区科学考察报告[M]. 北京：科学出版社，2014.

[73] 王华，陈华鑫，徐兆安，等.2010—2017年太湖总磷浓度变化趋势分析及成因探讨[J]. 湖泊科学,2019,31(4):919-929.

[74] 孙淑霞. 南四湖湖滨带生态质量与功能区划[D]. 济南:山东大学，2016.

[75] 谢自建,魏伟伟,李春华,等. 典型高山堰塞湖湖滨带和缓冲带的划定及生态修复思路：以镜泊湖为例[J]. 环境工程技术学报,2021,11(6):1147-1153.

[76] 颜素珠. 中国水生高等植物图说[M]. 北京：科学出版社，1983.

[77] 于淑玲，李晓宇，张继涛，等. 小兴凯湖表层底泥磷吸附容量及潜在释放风险[J]. 中国环境科学，2014，34(8)：2078-2085.

[78] 江苏省水利厅. 江苏省洪泽湖保护规划报告[R]. 2022.

[79] 余居华，钟继承，范成新，等. 湖泊基质客土改良的环境效应:对芦苇生长及光合荧光特性的影响[J]. 环境科学，2015，36(12)：4444-4454.

[80]《洪泽湖保护规划》编写组. 洪泽湖保护规划[Z]. 2006.

[81] 张圣照. 洪泽湖水生植被[J]. 湖泊科学，1992，4(1)：63-70.

[82] 张运林，秦伯强，陈伟民，等. 不同风浪条件下太湖梅梁湾光合有效辐射的衰减[J]. 应用生态学报，2005(6)：1133-1137.

[83] 赵凯，周彦锋，蒋兆林，等. 1960年以来太湖水生植被演变[J]. 湖泊科学，2017，29(2)：351-362.

[84] 朱松泉，窦鸿身. 洪泽湖:水资源和水生生物资源[M]. 合肥：中国科学技术大学出版

社，1993.

[85] 江苏省水利厅. 江苏省洪泽湖退圩还湖规划[Z]. 2019.

[86] 朱伟，张兰芳，操家顺，等. 水污染对菹草及伊乐藻生长的影响[J]. 水资源保护，
2006(3)：36-39.

[87] 戚丽萍，闫丹丹，李静泰，等. 江苏省生态系统服务价值对土地利用/土地覆盖变化的
动态响应[J]. 北京师范大学学报(自然科学版)，2021，57(2)：255-264.

[88] 魏佳豪，钟威，张颖，等. 1990—2020 年洪泽湖环湖地区生态系统服务价值变化[J].
江苏水利，2022(4)：51-56.

[89] 张亚平，万宇，聂青，等. 湖泊水体中氮的生物地球化学过程及其生态学意义[J]. 南京
大学学报(自然科学版)，2016，52(1)：5-15.